音频信息隐藏与数字水印

杨　榆　雷　敏　编著

U0291012

北京邮电大学出版社
www.buptpress.com

内 容 简 介

本书共分为三个部分,第一部分介绍了音频信息隐藏和数字水印的基本概念、音频的基本知识、音频隐藏算法的性能研究等内容,信息隐藏和数字水印算法分为正向和反向研究;第二部分介绍了回声隐藏、基于 DWT 和 DCT 域的各种隐藏算法、零水印算法和半脆弱水印算法,属于正向研究;第三部分介绍了隐写分析、基于 DCT 的音频隐写和基于回声隐藏的隐写分析算法,属于反向研究。

本书可作为专业课程参考书,可作为课程设计和毕业设计指导书,也可作为音频信息隐藏与数字水印研究人员参考书。

图书在版编目(CIP)数据

音频信息隐藏与数字水印 / 杨榆,雷敏编著 . - - 北京:北京邮电大学出版社,2015.10
(2016.9 重印)

ISBN 978-7-5635-4521-6

Ⅰ. ①音…　Ⅱ. ①杨…②雷…　Ⅲ. ①数字音频技术—密码术—应用—信息安全　Ⅳ.①TP309

中国版本图书馆 CIP 数据核字(2015)第 219207 号

书　　　名:音频信息隐藏与数字水印
责任著作者:杨　榆　雷　敏
责 任 编 辑:艾莉莎
出 版 发 行:北京邮电大学出版社
社　　　址:北京市海淀区西土城路 10 号(邮编:100876)
发 行 部:电话:010-62282185　传真:010-62283578
E-mail:publish@bupt.edu.cn
经　　　销:各地新华书店
印　　　刷:北京九州迅驰传媒文化有限公司
开　　　本:720 mm×1 000 mm　1/16
印　　　张:9.5
字　　　数:189 千字
版　　　次:2015 年 10 月第 1 版　2016 年 9 月第 2 次印刷

ISBN 978-7-5635-4521-6　　　　　　　　　　　　　　　　　定价:22.00 元

目　　录

第 1 章 概　论

1.1　基本概念

随着计算机技术和网络技术的发展,越来越多的数字化多媒体内容信息(图像、视频、音频等)纷纷以各种形式在网络上快速地交流和传播。在开放的网络环境下,如何对数字化多媒体内容进行有效的管理和保护,成为信息安全领域的研究热点。对于上述问题,人们最初的想法是求助于传统的密码学。但是传统的加密手段在对数字内容管理和保护上存在着一定的缺陷。为此,人们开始寻找新的解决办法来作为对传统密码系统的补充。多媒体数字内容在网络上的传递、发布和扩散带来了一系列问题和应用需求,从总体上来说可以分为两大部分:多媒体数字内容的版权保护问题和伪装式保密通信,这两个研究问题都属于信息隐藏[1-3]研究的范畴。

1.1.1　什么是信息隐藏

在很多文献中,对信息隐藏、数字水印、隐写术和隐写分析的描述经常混淆,甚至很多文献将信息隐藏等同于隐写术。本书采用以下约定:

(1) 信息隐藏(Inforamtion Hiding):信息隐藏通过对载体进行难以被感知的改动,从而嵌入信息。

(2) 隐写术(Steganography):隐写术是通过对载体进行难以被感知的改动,从而嵌入秘密信息的技术。Steganography 单词来自于希腊词根:steganos 和 graphie。Steganos 指有遮盖物的;graphie 指写。因此,Steganography 的字面意思即为隐写。

(3) 数字水印(Digital Watermarking):数字水印是通过对载体进行难以被感知的改动,从而嵌入与载体有关的信息,嵌入的信息不一定是秘密的,也可能是可见。

(4) 隐写分析(Steganalysis):隐写分析是检测、提取、破坏隐写载体中秘密信息的技术。

信息隐藏的载体可以是文本、图像、音频、视频、网络协议和各类数据等。在不同的载体中,信息隐藏的方法有所不同,需要根据载体的特征选择合适的信息隐藏算法。比如图像、视频、音频中的信息隐藏,大部分都是利用了人类感观对于这些载体信号的冗余来隐藏信息。

隐写术与数字水印是信息隐藏的两个重要研究分支,采用的原理都是将一定量的秘密信息嵌入到载体数据中,但由于应用环境和应用场合的不同,对具体的性能要求不同。隐写术主要用在相互信任的点对点之间进行通信,隐写主要是保护嵌入到载体中的秘密信息。隐写术注重的是信息的不可觉察性和不可检测性,同时要求具有相当的隐藏容量以提高通信的效率,隐写术一般不考虑鲁棒性。而数字水印要保护的对象是隐藏信息的载体,数字水印要求的主要性能指标是鲁棒性(脆弱水印除外),对容量要求不高,数字水印有一些是可见的,有一些是不可见的。可见水印和不可见水印应用场合不同。

信息隐藏不同于传统的数据加密[4],数据加密隐藏信息的内容,让第三方看不懂;信息隐藏不但隐藏了信息的内容,而且隐藏了信息的存在性,让第三方看不见。传统的密码技术与信息隐藏技术并不矛盾,也不互相竞争,而是有益的相互补充。它们可用在不同场合,而且这两种技术对算法要求不同,在实际应用中也可相互配合。

1.1.2 信息隐藏的历史

类似于密码学,信息隐藏自古就有。本章根据一些文献上记载的重要历史事件来了解人们是如何利用隐写术的。古代的隐写术从应用上可以分为这样几个方面:技术性的隐写术、语言学中的隐写术和应用于版权保护的隐写术。

(1) 技术性的隐写术

最早的隐写术例子可以追溯到远古时代。用头发掩盖信息:在大约公元前440 年,为了鼓动奴隶们起来反抗,Histiaus 给他最信任的奴隶剃头,并将消息刺在头上,等到头发长出来后,消息被遮盖,这样消息可以在各个部落中传递[5]。

使用书记板隐藏信息:在波斯朝廷的一个希腊人 Demeratus,他要警告斯巴达将有一场由波斯国王薛西斯一世发动的入侵,他首先去掉书记板上的腊,然后将消息写在木板上,再用腊覆盖,这样处理后的书记板看起来是一个完全空白的。事实上,它几乎欺骗了检查的士兵和接收信息的人[5]。

将信函隐藏在信使的鞋底、衣服的皱褶中,妇女的头饰和首饰中等[6]。

在一篇信函中,通过改变其中某些字母笔划的高度,或者在某些字母上面或下面挖出非常小的孔,以标识某些特殊的字母,这些特殊的字母组成秘密信息。

Wilkins(1614—1672)对上述方法进行了改进,采用无形的墨水在特定字母上制作非常小的斑点[7]。这种方法在两次世界大战中又被德国间谍重新使用起来[8]。

在 1857 年,Brewster[9] 提出将秘密消息隐藏"在大小不超过一个句号或小墨水点的空间里"的设想。到 1860 年,制作微小图像的难题被一个叫 Dragon 的法国摄影师解决了,很多消息就可以放在微缩胶片中。如在 1870—1871 年弗朗格-普鲁士战争期间,巴黎被围困时,印制在微缩胶片中的消息就是通过信鸽传递的[10]。

Brewster 的设想在第一次世界大战期间终于付诸实现,其作法是:先将间谍之间要传送的消息经过若干照相缩影后缩小到微粒状,然后粘贴在无关紧要的杂志等文字材料中的句号或逗号上[11]。

使用化学方法的隐写术。如中国魔术中采用的一些隐写方法,用笔蘸淀粉水在白纸上写字,然后喷上碘水,则淀粉和碘起化学反应后显出棕色字体。化学的进步促使人们开发更加先进的墨水和显影剂。但是,随着"万用显影剂"的发明,则不可见墨水的隐写方法就无效了。"万用显影剂"的原理是,根据纸张纤维的变化情况,来确定纸张的哪些部位被水打湿过,这样,所有采用墨水的隐写方法,在"万用显影剂"下都无效了。

(2) 语言学中的隐写术

语言学中的隐写术,其最广泛使用的方法是藏头诗。国外最著名的例子可能要算 Giovanni Boccaccio(1313—1375)的诗作 Amorosa visione,据说是"世界上最宏伟的藏头诗"作品[12]。他先创作了三首十四行诗,总共包含大约 1 500 个字母,然后创作另一首诗,使连续三行押韵诗句的第一个字母恰好对应十四行诗的各字母。

到了 16 世纪和 17 世纪,已经出现了大量的关于伪装术的文献,其中许多方法依赖于信息编码手段。Gaspar Schott(1608—1666)在他的著作 Schola Steganographica 中,扩展了由 Trithemius 在书 Polygraphia 中提出的"福哉马利亚(Ave Maria)"编码方法,其中 Polygraphia 和 Steganographia 是密码学和隐藏学领域所知道的最早出现的两部专著。扩展的编码使用 40 个表,其中每个表包含 24 个用四种语言(拉丁语、德语、意大利语和法语)表示的条目,每个条目对应于字母表中的一个字母。每个字母用出现在对应表的条目中的词或短语替代,得到的密文看起来像一段祷告、一封简单的信函、或一段有魔力的咒语。

Gaspar Schott 还提出可以在音乐乐谱中隐藏消息。用每一个音符对应一个字母,可以得到一个乐谱。当然,这种乐谱演奏出来就可能被怀疑。

中国古代也有很多藏头诗(也称嵌字诗),并且这种诗词格式也流传到现在。如一年中秋节,绍兴才子徐文长在杭州西湖赏月时,做了一首七言绝句:

平湖一色万顷秋,

湖光渺渺水长流。

秋月圆圆世间少，

月好四时最宜秋。

其中前面四个字连起来读，正是"平湖秋月"。

中国古代信息隐藏方法中，发送者和接收者各持一张完全相同的、带有许多小孔的纸，这些孔的位置是被随机选定的。发送者将这张带有孔的纸覆盖在一张纸上，将秘密信息写在小孔的位置上，然后移去上面的纸，根据下面的纸上留下的字和空余位置，编写一段普通的文章。接收者只要把带孔的纸覆盖在这段普通文字上，就可以读出留在小孔中的秘密信息。在 16 世纪早期，意大利数学家 Cardan (1501—1576)也发明了这种方法，这种方法现在被称作卡登格子法。

（3）用于版权保护的隐写术

版权保护和侵权的斗争从古至今一直在持续着。根据 Samuelson 的记载[13]，第一部"版权法"是"圣安妮的法令"，由英国国会于 1710 年制定。

Lorrain(1600—1682)是 17 世纪一个很有名的风景画家，当时出现了很多对他画的模仿和冒充，由于当时还没有相关的版权保护法律，他就使用了一种方法来保护他画的版权。他自己创作了一本称为 *Liber Veritatis* 的书，这是一本写生形式的素描集，它的页面是交替出现的，四页蓝色后紧接着四页白色，不断重复着，它大约包含 195 幅素描。他创作这本书的目的是为了保护自己的画免遭伪造。事实上，只要在素描和油画作品之间进行一些比较就会发现，前者是专门设计用来作为后者的"核对校验图"，并且任何一个细心的观察者根据这本书仔细对照后就能判定一幅给定的油画是不是赝品。

类似的技术在目前仍然使用着。如，一种图像保护系统 ImageLock[14]是这样工作的：系统中对每一个图像保存一个图像摘要，构成一个图像摘要中心数据库，并且定期到网络上搜寻具有相同摘要的图像。它可以找到任何未被授权使用的图像，或者任何仿造的图像，通过对比图像摘要的办法来指证盗版。

1.1.3　信息隐藏算法性能指标

经过几十年的研究和发展，信息隐藏技术不同的应用使它形成不同的特点，但是，所有的信息隐藏算法共有一些基本的特点。对信息隐藏某一种算法进行评价时，经常会考虑到这个算法的三个最重要性能指标：透明性、鲁棒性和隐藏容量。Goljan Miroslav[15]将信息隐藏的性能指标描述成几何三角关系，如图 1-1 所示。

（1）透明性（imperceptibility）

信息隐藏的首要特性是透明性，也称为不可感知性。是指嵌入的秘密信息导致隐写载体信号质量变化的程度。即在被保护信息中嵌入数字水印后应不引起原宿主媒体质量的显著下降和视听觉效果的明显变化，不能影响隐写载体的正常使用。也就是说，隐写载体如果仅通过人类听觉或视觉系统很难察觉有异常。

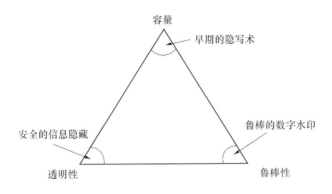

图 1-1　信息隐藏三种特征之间的关系

（2）鲁棒性（robustness）

鲁棒性也称稳健性，是指隐藏的秘密信息抵抗各种信号处理和攻击的能力，鲁棒性水印通常不会因常见的信号处理和攻击而丢失隐藏的水印信息。

（3）隐藏容量（capacity）

隐藏秘密信息的容量指在单位时间或一幅作品中能嵌入水印的比特数。对于一幅图片而言，数据容量是指嵌入在此幅图像中的所有比特数。对于音频而言，数据容量即指一秒传输过程中所嵌入秘密信息的比特数。对于视频而言，数据容量既可指每一帧中嵌入的比特数，也可指每一秒内嵌入的比特数。

信息隐藏算法这三个性能指标之间相互制约，没有一种算法能让这三个性能指标达到最优。当某一种算法透明性较好时，说明原始载体与隐藏秘密信息的载体之间从人类视听觉效果上几乎无法区分，嵌入这些秘密信息的时候对原始载体的改动就不能太大，这种算法鲁棒性往往比较差。当某一种算法鲁棒性较好的时候，一般是修改了载体比较重要的位置，也就是说隐藏的信息与载体的某些重要特征结合在一起，这样才能抵抗各种信号处理和攻击，但是修改载体比较重要位置的隐藏算法就会改变载体的某些特征，隐藏秘密信息后载体的透明性就比较差。而且信息隐藏容量和透明性也相互矛盾，当隐藏的信息容量比较大时，隐藏后隐写载体的透明性就比较差。

1.1.4　音频信息隐藏研究内容

信息隐藏的载体很多，如图像、音频、视频、文本，甚至还可以是网络协议。本书介绍的主要内容是音频信息隐藏，本书中所使用的载体是音频。

音频信息隐藏技术就是在不影响原始音频质量的条件下嵌入信息。嵌入的秘密信息与原始音频数据紧密结合并隐藏在音频载体中，人耳听觉系统感觉不到隐写音频文件的异常。

音频信息隐藏根据隐藏信息的目的可以分为数字水印和隐写术两个分支。为了区分数字水印和隐写术,对本书中使用的术语进行如下约定:

- 自然音频是指用于隐写算法中嵌入秘密信息之前的音频;
- 隐写音频是指嵌入秘密信息之后的音频;
- 原始音频是指数字水印算法中嵌入水印信息之前的音频;
- 含水印音频是指嵌入水印信息之后的音频;
- 待检测音频是指隐写分析算法检测的对象。

音频水印嵌入的信息可以是音频版权保护信息、作品序列号、艺术家和歌曲名字等,用于音频的版权保护、盗版追踪和拥有者识别等。

音频数字水印的研究分为正向研究和逆向研究两个方面。正向研究是研究在音频载体中嵌入和提取水印信息的算法,这些算法在音频中嵌入水印时不能引起音频质量的明显下降,同时含水印音频在传输的过程可能会受到各种音频信号处理的攻击,音频水印算法对这些处理和攻击具有较强的鲁棒性,经过信号处理和攻击后水印提取端还能提取水印信息;音频水印攻击的目标是阻碍水印信息的顺利提取,主要研究各种攻击方法。

音频隐写主要是为利用信息隐藏技术把需要传递的秘密信息隐藏在看似正常的音频载体中,隐藏秘密信息的存在性,用于保密通信,第三方无法感知正常的通信过程中隐藏了秘密信息。音频隐写术主要应用在需要安全保密通信的部门。

音频信息隐藏中隐写术的研究分为正反两个方面。其中正向研究是研究各种隐藏算法,反向研究是研究各种隐写分析算法。音频信息隐藏是研究在音频载体中隐藏秘密信息的算法,这些算法尽量在不引起监听者察觉变化的基础上还能隐藏尽量多秘密信息,以提高隐蔽通信的效率。隐写分析目的就是要对听觉上正常的音频载体进行分析,判断待检测载体是否为隐写载体,甚至只是怀疑该载体为隐写载体,从而达到拦截和破坏秘密信息隐蔽传递的目标。

音频信息隐藏根据研究的内容分为:数字水印、水印攻击、隐写术和隐写分析。如图 1-2 所示。

音频水印可以根据水印抵抗各种音频信号处理的鲁棒性分为普通水印、强鲁棒性水印和半脆弱水印。普通水印能够抵抗常见音频信号处理,如加噪、MP3 压缩、重量化、低通滤波和重采样等。普通水印根据水印嵌入的位置分为时域和变换域两种。

强鲁棒性水印不但能抵抗常见的音频信号处理,还对大部分音频信号处理有一定的抵抗能力。强鲁棒性水印根据信号处理的类型,可分为抗格式转换、抗 A/D 与 D/A 转换和抗同步转换三种。抗格式转换主要是音频在传输过程中可能会进行一些编码格式上的转换,水印算法能抵抗这些格式转换;抗 A/D 与 D/A 转换是指音频在传输过程中可能要经过 D/A 和 D/A 转换,水印能抵抗此种转换。同步转换是指在传输过程中对音频进行裁剪、随机删除、增加样本、抖动和 TSM 转换等,抗同步转换的水印算法能抵抗此种类型的转换。

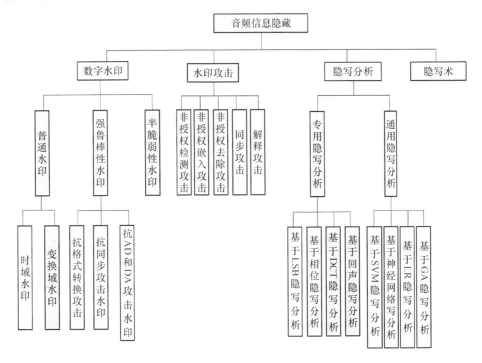

图 1-2 音频信息隐藏研究内容

半脆弱水印主要用于音频内容完整性保护,可以检测音频内容是否被恶意篡改。当以图像为载体时,与半脆弱水印相对的还有图像全脆弱水印。图像的全脆弱水印要求图像在传输过程中不能被修改,否则无法通过认证。但是音频的全脆弱水印研究较少,现有的文献中提到的全脆弱水印也是采用传统的密码学技术来实现[16],并不是真正意义上的水印方案。音频半脆弱水印能容忍一定程度的常规音频信号处理操作,同时能检测和定位对音频内容的恶意篡改。

虽然目前已经提出很多种数字水印算法,但是几乎所有的算法都有安全漏洞。针对现有水印算法的漏洞,研究者提出多种攻击方法。研究水印攻击方法,一方面可以分析、评估现有水印系统的安全性,找出现有系统的安全漏洞;另一方面根据找到的安全漏洞可以设计更加安全的水印系统,以提高水印系统的性能。

水印攻击的目标是妨碍水印信息的顺利提取。总的来说,主要可以分为非授权检测攻击、非授权嵌入攻击、非授权去除攻击和系统攻击[17-22]。非授权检测攻击是指未经授权就试图检测载体是否存在水印或解码水印信息。非授权嵌入攻击是指攻击者在未取得他人授权的情况下在含水印作品中嵌入自己的信息或将他人合法的水印嵌入到另外的载体中。非授权去除攻击的目标是试图去除水印或者让检测器检测不到水印信息。系统攻击是指攻击者不仅仅攻击水印嵌入和检测算法，而且攻击水印协议、水印算法的软硬件环境等等。

音频隐写术主要是为了利用信息隐藏技术把需要传递的秘密信息隐藏在看似正常的音频载体中，隐藏秘密信息的存在性从而用于保密通信，使第三方无法感知正常的通信过程中隐藏了秘密信息。隐写术需要保护的对象是隐藏在音频中的秘密信息，音频隐写术主要应用在需要安全保密通信的部门。

隐写术研究各种算法的目标是提高算法的透明性和隐藏容量。提高透明性的目标是为更好隐藏秘密信息的存在性，提高秘密信息的隐藏容量是为了提高音频隐写的效率，在单位时间的音频中隐藏更多秘密信息以提高音频隐写效率。

早期的音频隐写方法基本上都是采用时域的 LSB 算法（Least Significant Bit，最低有效位）来隐藏信息[23]，但是该算法的隐藏容量有限，有研究者[24]改进传统的 LSB 算法以提高算法的透明性和隐藏容量。随着 PSTN 网络（Public Switched Telephone Network，公共交换电话网络）和移动通信网络的发展，各种语音保密系统不断被提出。陈亮等在文献[25]中将保密语音通过 MELP 编码（Mixed Excitation Linear Predictive，混合激励线形预测），形成秘密信息，然后根据人耳听觉的掩蔽效应，在公开语音 DCT 域（Discrete Cosine Transform，离散余弦变换）的中频系数中嵌入秘密信息。测试结果表明，在隐藏信息后，信道中传输的公开语音保持一定的透明性，并在受到压缩、滤波等攻击时具有较高的鲁棒性，但该算法提取秘密信息时需原始音频，属于非盲水印方法，因此实用性较差。钮心忻等[26]利用合成分析法（ABS），结合 GSM 语音编码算法（Global System for Mobile Communication，全球移动通信系统）特点，提出一种隐藏容量大、隐藏效果较好的保密语音隐藏算法，并借助公共电话网初步实现了一个伪装式数字化语音保密传输系统。杨伟等[27-29]提出一种伪装式数字化语音保密通信系统。该系统将需要传输的秘密音频信息利用 MELP 算法编码后，使用 ABS 算法隐藏到一段 GSM 编码的明文语音中传输。这样窃听者听到的是一段正常的明文音频信息，不易引起窃听者怀疑，从而达到安全传输密文信息的目标。白剑等[30]提出一种新的适用于 GSM 移动通信中的语音隐藏算法，它利用 GSM 移动系统中的语音压缩编码 RPE-LTP 的特性：编码前后语音相邻段落之间的能量比改变不大。这种方法可以在 GSM 移动终端的声码器前端进行信息隐藏，因此可以兼容各种 GSM 移动终端，具有良好的实用性。

音频隐写分析是隐写术的对立技术，可以分析判断待检测载体是否为隐写载体。隐写分析分为专用隐写分析和通用隐写分析。专用隐写分析主要是针对某一种隐写算法提出的隐写分析方法，算法的准确率较高。通用隐写分析算法是针对所有隐写算法都适用的分析算法。通用隐写分析算法通过分类器对待检测的音频进行判断,判断待检测的音频是否为隐写音频。通用隐写分析算法根据采用的分类器可以分为基于支持向量机隐写分析、基于神经网络隐写分析、基于线性回归隐写分析和基于遗传算法的隐写分析。

1.2 音频数字水印

1.2.1 普通水印

普通水印在鲁棒性和透明性之间取得较好平衡,能抵抗常见音频信号处理。普通水印根据水印嵌入的位置不同,可分为时域和变换域水印。

(1) 时域水印

除传统的 LSB[31]、相位隐藏等[32]时域水印算法之外,Bassia P 等[33]提出一种音频时域盲水印算法,该算法通过修改每个音频采样点的幅值嵌入水印,该算法可抵抗 MPEG2 压缩、低通滤波、重采样和重量化等常见音频信号处理。但是此算法嵌入的水印信息较少,如果嵌入的水印信息较多,算法的透明性会受到较大影响。

Lie Wen-Nung 等[34]提出一种基于幅值调整的时域音频水印算法,该算法将音频信号分割成若干连续的音频帧,每一帧又分成三段连续的相同或不同的音频段,选择每个音频段的幅度绝对值的平均值大小进行比较,根据比较的结果,采取修改某两段样本的绝对幅度的平均值嵌入水印。只需比较每帧音频中三段样本的幅度绝对值的平均值大小就可提取水印,该算法具有较好的鲁棒性,但是该算法的嵌入容量和音频分组长度有关,当音频分组长度较长的时候,该水印算法的容量较小。当音频分组长度变小的时候可以嵌入更多的水印信息,但是抵抗 MP3 压缩的能力较差。为提高水印的嵌入容量,Harumi Murata 等在文献[35]中改进文献[34]算法,改变原来在每组音频中只能嵌入一个水印的做法,改进后的算法可嵌入多个水印信息,在每组音频中嵌入多重水印以提高水印的嵌入容量。

(2) 变换域水印

1996 年 Cox 等提出了第一个变换域水印算法[36],之后其良好的性能备受关注,很多研究者开始研究变换域的水印算法。变换域水印算法包括离散傅里叶变换(Discrete Fourier Transform,DFT)、离散余弦变换(Discrete Cosine Transform,DCT)和离散小波变换(Discrete Wavelet Transform,DWT)。Tilki 和 Becx 等[37]提出了一种 DFT 变换域音频水印算法,该算法如果嵌入水印量不是很大并且其幅度相对于当前的音频信号较小,则该算法对噪声、录音失真及磁带的颤动都具有一定的稳健性。Pranab Kumar Dhar 等[38]提出一种基于 DFT 变换的音频水印算法,该算法把音频分为相互不重叠的分段,对每一段音频进行离散傅里叶变换,将水印嵌入其幅度谱最重要的峰值,实验结果表明该算法具有较强的鲁棒性。马翼平等[39]根据 DCT 的能量特性,将音频文件的 DCT 系数进行分块,用每一块能量特性系数构造水印嵌入的强度因子,自适应地改变 DCT 系数来嵌入水印,该算法能在透明性和鲁棒性之间达到较好平衡。Kamalika Datta 等[40]提出一种基于 DWT 水印算法,该算法将水印连续的嵌入到 DWT 变换的三级近似分量中,该算法的鲁棒性较好,但是透明性稍差。

1.2.2　强鲁棒性水印

强鲁棒性水印是指水印能抵抗某一类特殊的音频信号处理的攻击,主要分为抗 A/D 和 D/A 转换水印、抗去同步攻击水印和抗格式转换等。

项世军等[41]提出一种抗 D/A 和 A/D 转换的音频水印算法,该算法能在检测过程中结合同步码重定位和线性伸缩恢复来消除时间轴上线性伸缩带来的影响,针对幅值改变,在 DWT 域采用了基于三段低频小波系数之间能量关系的嵌入对策;自适应调整嵌入强度来满足抗噪声攻击的要求,该法具有很强的抗 D/A 和 A/D攻击性能和抗其他各种通用的音频处理和攻击的能力。徐天岭[42]提出一种可以抵抗 D/A 和 A/D 转换的音频水印算法,该算法能在音频经过 D/A 和 A/D 转换以后还能提取水印信息。

马天笑等[43]提出一种抗去同步强鲁棒性水印,该水印算法选取稳健的 16 位巴克码作为同步标记,通过量化音频样本统计均值嵌入同步码,同时结合听觉掩蔽特性量化低频小波系数平均值嵌入数字水印。本算法不仅具有较好的透明性,而且对常规信号处理(MP3 压缩、低通滤波、添加噪声、均衡化等)和去同步攻击(随机剪切、幅度缩放、抖动等)具有较好的鲁棒性。鲍德旺等[44]提出一种基于音频内容的抗去同步攻击数字水印算法,该算法首先根据数字音频的局部能量特征,从原始载体中提取出稳定的特征点,然后以音频特征点为标识,确定用于水印嵌入的候选音频段,最后采用量化调制策略,将数字水印嵌入到音频载体内。提取水印时,系统通过分析音频内容提取特征点,再以特征点为标识提取水印信息,该水印算法为盲水印算法。该算法对常规信号处理,如压缩、低通滤波、加噪等,和去同步攻击,如随机剪切、幅度缩放、时间延展、抖动等均具有较好的鲁棒性。

Ehsan Tavakoli 等[45]提出一种音频水印算法,该音频水印算法在 ISDN(Integrated Services Digital Network,综合业务数字网)和 PSTN 网络中使用,该算法根据人耳听觉模型实用扩频方案嵌入水印,该水印不但能抵抗常见的低通滤波、重采样、A 率和 U 率转换,对格式转换也具有较强的鲁棒性,比如可将 PCM 编码转换成为 MP3 编码方式。Qiao 等[46]提出两种将水印直接嵌到 MPEG 音频流中的方法,两种方法分别选择 MPEG 音频流的比例因子(scale factors)和 MPEG 编码的样本数据作为水印嵌入位置,但是这两种水印算法都没有考虑到自适应和同步问题。

1.2.3　半脆弱水印

半脆弱水印是解决数字内容产品认证问题的重要手段之一,它已成为近年来研究的热点。目前大多数的半脆弱水印研究集中在图像领域,音频半脆弱水印研究较少。半脆弱音频水印的重要特征就是透明性、鲁棒性和对恶意篡改的脆弱性。

Wu 等[47]提出半脆弱音频水印技术用于检验音频内容完整性。该算法采用指数级奇偶调制技术和线性相加水印技术,在 DFT 域嵌入水印。该算法能够区分普通音频信号处理操作和恶意篡改操作。Tu Ronghui 等[48]提出一种在 DWT 域的半脆弱音频水印方案,该方案使用量化参数来在选中的系数上嵌入水印,不同的量化参数得到不同的鲁棒性,此算法可以根据需要调整量化参数得到对于不同攻击的鲁棒性,但是此算法的量化参数值需要大量的实验才能选取合适的值。付兴滨[49]提出一种音频半脆弱水印嵌入算法,该算法利用 DCT 变换,将水印二值图像嵌入到音频 DCT 系数中,该算法根据篡改评估函数值较好区分常见的攻击,但是该算法无法定位篡改的位置。Zhao Hong 等[50]提出一种用于内容认证的半脆弱水印算法,该算法能对抗非恶意的 MP3 压缩和白噪声信号处理,同时该算法能定位恶意篡改。Chen Ning 等[51]提出一种可以进行版权保护和内容认证的多用途水印,该算法在音频中嵌入两个水印,一个鲁棒性水印用于版权保护,一个脆弱性水印用于内容认证。鲁棒性水印能抵抗常见音频信号处理,脆弱性水印可以检测篡改定位,但是该算法需要在音频中同时嵌入两个水印才能达到版权保护和内容认证的目标。

1.3　音频水印的具体应用

音频数字水印的主要应用领域如下。

（1）版权保护

将版权所有者的信息,嵌入在要保护的数字多媒体作品中,然后公开发布水印版本作品。当该作品出现版权纠纷时,可以从含水印载体中提取嵌入的版权信息,从而防止其他团体对该作品宣称拥有版权。即数字作品的所有者可生成一个水印,并将其嵌入原始音频,然后公开发布水印版本作品。对此种应用领域来说,信息隐藏算法必须有较好的鲁棒性,因为盗版者一定会对这些数字作品进行攻击。目前已经有许多用于版权保护的音频水印算法[52-57]。

（2）盗版追踪

为避免未经授权的复制制作和发行,作品发布人可以将不同购买者的独一无二的数字指纹[58]信息嵌入作品的合法复制中。当某一个作品出售给卖家时,出售者不仅要在作品中嵌入版权所有者信息,而且还嵌入了购买者信息,当市场一旦发现未经授权的复制,可以通过某种算法提取数字作品中嵌入的指纹信息,可以根据此复制中恢复出的指纹来确定盗版的来源,也就是知道是哪个用户泄露的复制。在此类应用中,水印必须是不可见的,而且能抵抗恶意的擦除、伪造以及合谋攻击等。例如,游戏制作公司可在分发给测试者使用的测试版本游戏的图像中加入水印用以警告和跟踪泄密的游戏测试者。

(3)使用控制

在数字化信息中嵌入特定的控制信息,只有满足条件的使用者才能访问(如播放或复制)含有水印的数据。水印与载体的处理工具相结合(如软硬件播放器等),使得盗版的作品无法使用。比较典型的例子是 iTunes 上的音乐仅仅能够在 iPod 上播放。又如,在一个封闭式或私有的电视点播系统中,可以把电影分级信息嵌入到电影的音频中,从而实现电影的分级播放控制。

(4)完整性鉴定

当音频在某些特殊场合使用时,经常需要确定它们的内容是否被修改、篡改或经过特殊处理。数据完整性鉴定是指对某一对象完整性和真实性进行判定,也经常称为"认证"或者"篡改提示",主要是确认该对象在传输或存储过程中并没有被篡改、破坏或丢失。在实际应用中,这类水印对特定的修改(如常用 MP3[59] 压缩操作)具有一定的稳健性,而对于恶意篡改具有脆弱性(俗称半脆弱水印)。对插入水印的数字内容进行检验时,利用提取水印的完整性来验证数字内容的完整性。

(5)注释

将作品的标题、注释等内容以秘密信息的形式嵌入该作品中,用于解释这些作品[60]。如在音乐中隐藏该乐曲的简介、作者信息等,这种方式可以抵抗常规的信号处理,不需额外的带宽,且标注信息不易丢失。

(6)广播监控

在商家委托广告制作商,制作符合要求的广告视频,在广告视频制作完成,交与广告播出商(电视台等)之前,将预先经过特殊处理的数字水印信息嵌入广告中[61-62]。嵌入水印信息以后,一个自动监测系统能判断广告是否如合约履行。可以监控广告是否在要求的时间进行了播出;在该时段播出的广告内容,是否是要求的广告;播出的广告时间长度是否符合要求等;广播监测系统能监视所有频道,并能根据发现指证电视台的违反合约行为。音频水印也可隐藏到实时演奏的音乐中[63]。技术上可以将各不相同的数字水印嵌入到各个音乐片段中,并设立一个自动监控的接收站,用以接收监控电台播放的影片或声音等媒体,并自动在媒体中搜寻这个唯一的数字水印,这样便可以确认这些媒体被播放的时间、次数等相关信息。

参考文献

［1］Sons J W. Hiding in Plain Sight：Steganography and the Art of Covert Communication. Wiley Publishing，Inc，2003.

［2］Anderson R J, Petitcolas F A . On the Limits of Steganography. IEEE Journal of Selected Areas in Communications，1998，16(4)：474-481.

［3］Swanson M D, Kobayashi M, Tewfik A H. Multimedia Data-Embedding and Watermarking Technologies. Proceedings of the IEEE，June 1998，6(86)：1064-1087.

［4］杨义先，钮心忻. 数字水印理论与技术.北京:高等教育出版社，2006：27-28.

［5］Herodotus A. The histories，London，England：J. M. Dent and Sons，Ltd,1992.

［6］Tacticus A. How to Survive Under Siege / Aineias the Tactician, Oxford，England：Clarendon Press,Clarendon ancient history series,1990;84-90,183-193.

［7］Wilkins J. Mercury：or the secret and Swift Messenger：Shewing, How a Man May With Privacy and Speed Communicate His Thoughts to a Friend at Any Distance, London：printed for Rich Baldwin, near the Oxford-Arms in Warnick-lane, 2nd ed,1694.

［8］Kahn D. The Codebreakers—The Story of Secret Writing, New York，USA：Scribner，1996.

［9］Brewster D. "Microscope" in Encyclopedia Britannica or the Dictionary of Arts，Sciences, and General Literature, vol. XIV, Edinburgh,IX—Application of photography to the microscope, 8th ed,1857：801-802.

［10］Ayhurst J. "The Pigeon Post into Paris 1870-1871" 1970. http://www.windowlink. com/jdhayhurst/pigeon/pigeon. html.

［11］Ewman B. Secrets of German Espionage，London，Robert Hale Ltd,1940.

［12］Ilkins E H. A History of Italian Literature, London：Geoffrey Cumberlege，Oxford University Press，1954.

［13］Samuelson P. "Copyright and Digital Libraries" Communications of the ACM, Apr. 1995,38(4)：15-21,110.

［14］"ImageLock home page". http://www. imagelock. com，1999.

［15］Miroslav Goljan. Lossless Data Embedding Methods for Digital Images and Detection of Steganography. ［Dissertation］. Binghamton University, State

University of New York，2001.

[16] Martin Steinebach, Jana Dittmann. Watermarking-Based Digital Audio Data Authentication. Journal on Applied Signal Processing，2003(10)：1001-1015.

[17] Steinebach M，Petitcolas F A，Raynal F，Dittmann J，Fontaine C，Seibel S，Fates N，Ferri L C. StirMark Benchmark：Audio Watermarking Attacks. Proc. of International Conference on Information Technology：Coding and Computing，2001：49-54.

[18] 钮心忻. 信息隐藏与数字水印. 北京：北京邮电大学出版社，2004.

[19] Cox I J，Linnartz J P M G. Some General Methods for Tampering with Watermarks. IEEE Journal on Selected Areas in Communications，May 1998，16(4)：587-593.

[20] Sviatolsav V，Shelby P，Thierry P. Attacks on Digital Watermarks：classification，estimation-based，attacks，and benchmarks. IEEE Communication Magazine，Aug. 2001，39：118-126.

[21] Arnold M. Attacks on Digital Audio Watermarks and Countermeasures. Proc. of Third International Conference on Web Delivering of Music，2003：55-62.

[22] Kutter M，Voloshynovskiy S，Herrigel A. The Watermark Copy Attack. Proceedings of SPIE：Security and Watermarking of Multimedia Contents II，3971，San Jose，California，2000：371-380.

[23] Cedric T M M，Adi R W，Mclougblin L. Data Concealment in Audio Using a Nonlinear Frequency Distniution of PRBS Coded Data and Frequenoydomain LSB Insertion. TENCON 2000(1)：275-218.

[24] Nedeljko C，Tapio S. Increasing the Capacity of LSB-Based Audio Steganography. IEEE 2002：336-338.

[25] 陈亮，张雄伟. 语音保密通信中的信息隐藏算法研究. 解放军理工大学学报：自然科学版，2002，6(3)：1-5.

[26] 岳军巧，钮心忻，杨义先. 声音保密通信中的信息隐藏技术. 北京邮电大学学报，2002，25(1)：1-5.

[27] 杨伟，王飞，张中，杨义先，钮心忻. 伪装式数字化语音保密通信系统. 通信学报，2004，25(2)：75-81.

[28] Wu Zhijun，Yang Wei，Yang Yixian. ABS-based Speech Information Hiding Approach[J]. Electronics Letters，2003，39(22)：1617-1619.

[29] 吴志军，钮心忻，杨义先. 语音隐藏的研究及实现. 通信学报，2002，23(8)：99-104.

[30] 白剑，杨榆，徐迎晖，钮心忻，杨义先. GSM 移动通信系统中语音隐藏算法研究. 中山大学学报：自然科学版，2004，43(S2)：156-159.

[31] 陈中，刘昌荣，旷海兰. 基于 Arnold 变换的改进 LSB 水印嵌入方法研究. 衡阳师范学院学报，2010，31(3)：67-70.

[32] Bender W, Gruhl D, Morimoto N. Techniques for Data Hiding. IBM Systems J, 1996, 35(3 and 4).

[33] Bassia P, Pitas I. Robust Audio Watermarking in the Time Domain. IEEE Transactions on Multimedia, 2001：232-241.

[34] Lie Wen-Nung, Chang Li-Chun. Robust and High-Quality Time-Domain Audio Watermarking Based on Low-Frequency Amplitude Modification. IEEE transactions on multimedia, 2006, 8(1)：46-59.

[35] Harumi M, Akio O, Motoi I, Akira S. Multiple Embedding for Time-Domain Audio Watermarking Based on Low-Frequency Amplitude Modification. The 23rd International Technical Conference on Circuits/Systems, Computers and Communications, 2008：1461-1464.

[36] Cox I J, Kilian J, Leighton F T, Shamoon T. Secure Spread Spectrum Watermarking for Multimedia. IEEE Trans. on Image Process, 1997, 12(6)：1673-1687.

[37] Tilki J, Beex A. Encoding a Hidden Digital Signature onto an Audio Signal Using Psychoacoustic Masking. In. Proc. 7th Int. Conf. Sig. Proc Application Technology, 1996, 1：476-480.

[38] Pranab K D, Mohammad I K, Kim J M. A New Audio Watermarking System Using Discrete Fourier Transform for Copyright Protection. International journal of computer science and network security, 2010, 6(10)：35-40.

[39] 马翼平，韩纪庆. 基于能量特性分块的 DCT 域自适应音频水印算法. 信号处理，2006，4(22)：519-522.

[40] Kamalika D, Indranil S. A Redundant Audio Watermarking Technique Using Discrete Wavelet Transformation. The second international conference on communication software and networks, 2010：27-31.

[41] 项世军，黄继武，王永雄. 一种抗 D/A 和 A/D 变换的音频水印算法. 计算机学报，2006，2(29)：308-316.

[42] 徐天岭. 可抗重录音的鲁棒性音频数字水印算法研究 [D]. 北京：北方工业大学，2010.

[43] 马天笑，王向阳，杨红颖. 一种基于均值量化的抗去同步攻击数字水印算

法. 计算机科学，2009，4(36)：257-260.

[44] 鲍德旺，杨红颖，祁薇，王向阳. 基于音频特征的抗去同步攻击数字水印算法. 中国图像学报，2009，12(14)：2619-2622.

[45] Ehsan T，Bijan V V，Mohammad B S，Reza S. Audio Watermarking for Covert Communication through Telephone System. IEEE international symposium on signal processing and information technology，2006：955-959.

[46] Qiao L，Nahrstedt K. Non-Invertible Watermarking Methods for MPEG Encoded Audio. Proc of SPIE on Security and Watermarking of Multimedia Contents，1999：194-202.

[47] Wu Chung-Ping，Kuo C-C Jay. Fragile Speech Watermarking based on Exponential Scale Quantization for Tamper Detection. IEEE Internation Conference on Acoustics，Speech and Signal Processing (ICASSP)，2002：3305-3308.

[48] Tu Ronghui，Zhao Jiying. A Novel Semi-Fragile Audio Watermarking Scheme. IEEE International Workshop on Haptic，Audio and Visual Environment and their Applications，2003：89-94.

[49] 付兴滨. 基于均值量化的音频脆弱水印算法研究. 应用科技，2005，8(32)：17-19.

[50] Zhao Hong，Shen Dong-sheng. A New Semi-Fragile Watermarking for Audio Authentication. The international conference on artificial intelligence and computational intelligence，2009：299-302.

[51] Chen Ning，Zhu Jie. A Multipurpose Audio Watermarking Scheme for Copyright Protection and Content Authentication. Proc. of IEEE Internatioanl Conference on Multimedia and Expo，2008：221-224.

[52] Bassia P，Pitas L，Nikolaidis N. Robust Audio Watermarking in the Time Domain. IEEE Trans. on Multimedia，2001，3(2)：232-241.

[53] Mansour M，Tewfik A. Time-Scale Invariant Audio Data Embedding. Proc. of IEEE International Conference on Multimedia and Expo，Aug. 2001：76-79.

[54] Ricardo A. Digital Watermarking of Audio Signals Using a Psychoacoustic Auditory Model and Spread Spectrum Theory. 107th Convention，Audio Engineering Society，1999：24-27.

[55] Li X，Yu H. Transparent and Robust Audio Data Hiding in Sepstrum Domain. Proc. of IEEE International Conference on Multimedia and Expo，

2000：397-399.

[56] Wu C P，Su P C，Kuo C C. Robust and Efficient Digital Audio Watermarking Using Audio Content Analysis. Proc. of SPIE Security and Watermarking of Multimedia Contents，2000：23-28.

[57] Li W，Xue X Y，Lu P Z. Localized Audio Watermarking Technique Robust Against Time-Scale Modification. IEEE Trans. on Multimedia，2006，8（2）：60-69.

[58] Lu Chun-Shien. Audio Fingerprinting Based on Analyzing Time-Frequency Localization of Signals. IEEE Workshop on Multimedia Signal Processing，Dec. 2000：174-177.

[59] 王秋生，孙圣和，郑为民. 数字音频信号的脆弱水印嵌入算法. 计算机学报，2002，25(5)：520-525.

[60] Moulin P，Koetter R. Data-Hiding Codes. Proc. of the IEEE，Dec. 2005，93(12)：2083-2126.

[61] 王善辉. 用于广播监控的视频水印研究［D］. 吉林：吉林大学，2006.

[62] Nakamura T，Tachibana R，Kobayashi S. Automatic Music Monitoring and Boundary Detection for Broadcast Using Audio Watermarking. Proc. of SPIE Security and Watermarking of Multimedia Contents IV，2002，4675：170-180.

[63] Ryuki T. Audio Watermarking for Live Performance. Proc. of SPIE，2003，5020：32-43.

[64] 王朔中,张新鹏,张开文,等. 数字密写和密写分析. 北京:清华大学出版社,2005：143-145.

[65] 葛秀慧，田浩，等. 信息隐藏原理及应用. 北京:清华大学出版社,2008.

[66] 王丽娜，张焕国，叶登攀. 信息隐藏技术与应用. 武汉:武汉大学出版社，2009.

第 2 章　音频基础

在研究信息隐藏和数字水印之前,首先必须了解音频载体信号的特点、信号模型,以及对这些信号的常用处理方法等。本章主要介绍本书所需的音频相关基础知识。

2.1　音频信息隐藏的生理学基础

人耳的听觉系统十分敏锐,表现在两方面,人耳可感知的频率范围广,人耳辨别微小失真的能力强。正常人可以感知 16 Hz 到 16 000 Hz 频率范围内的声音,年青人甚至可感知 20 000 Hz 的声音,老年人可感知的声音的最高频率为 10 000 Hz。早在 1996 年,Bender 就指出[1],就辨别微小失真能力而言,人类听觉系统(HAS,Human Auditory System)比人类视觉系统(HVS,Human Visual System) 更加敏锐。HAS 具有很大的动态范围,可感知的功率范围超过 1 000 000 000∶1,可感知的频率范围超过 1 000∶1。与此同时,HAS 还能精确感知噪声,千万分之一(80 dB)的扰动都能被感知。

2.1.1　等响曲线

HAS 能够分析感知声波的动态频谱,人耳对声音的强度和频率的主观感觉是从响度和音调来体现的。响度是一个反映人对不同频率声音成份强度主观感受的物理量。用某一频率的纯音和 1 000 Hz 的纯音比较,两者听起来同样响亮时,1 000 Hz 纯音的声强级就是该声音的响度。数值上,1 方等于 1 000 Hz 的 1 dB 纯音的声强级。0 方对应人耳的听阈。听阈是指,在静音环境下,人耳恰巧能够听到的声音的大小。120 方对应人耳的痛阈,当声音响度达到痛阈时,人耳会感觉疼痛。

听阈、痛阈值和响度对应的声压级都是随着频率变化的。例如,听起来,100 Hz,30 dB 的纯音和 1 000 Hz,10 dB 的纯音同样响。这说明,人耳对处于不同频率范围内的声音的感受能力不同。根据试验得出了等响曲线,如图 2-1 所示。

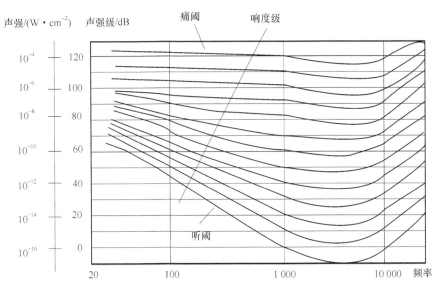

图 2-1　等响曲线

利用等响曲线,可以分析人耳的听觉特性。图 2-1 中,蓝色曲线表示听阈,响度为 0 方。红色曲线对应痛阈,响度为 120 方。人耳在低频可感知的范围较窄,在 60~120 dB 范围内。人耳对 4 kHz 附近的声音最为敏感,可感知的范围超过 0~120 dB。通常情况下,相同声压,在 4 kHz 附近恰好能被感知的声音,位于其他频率范围内时,不能被感知。

2.1.2　时域掩蔽

心理声学试验表明,人们难以听到位于强信号附近的弱信号,这种声音心理学现象称为掩蔽。强音称之为掩蔽音,被掩蔽的弱音称之为被掩蔽音。掩蔽音和被掩蔽音同时存在所产生的掩蔽效应称为同时掩蔽或频域掩蔽,否则称之为异时掩蔽或时域掩蔽。

时域掩蔽又分为超前掩蔽(pre-masking)和滞后掩蔽(post-masking),如图 2-2 所示。掩蔽音出现在 0~200 ms,产生同时掩蔽;前 60 ms,发生超前掩蔽效应;后 140 ms 发生滞后掩蔽效应。

超前掩蔽指掩蔽效应发生在掩蔽音开始之前,滞后掩蔽则指掩蔽效应发生在掩蔽音结束之后。从图中可以看出,异时掩蔽,包括超前和滞后掩蔽,其掩蔽效应衰减较快,超前掩蔽的持续时间约 60 ms 左右,滞后掩蔽持续时间长一些,达到 140 ms 左右。而同时掩蔽的掩蔽效应则在掩蔽音的整个生命期内都有效。

产生时域掩蔽的主要原因是人的大脑处理信息需要花费一定的时间。一般来说,超前掩蔽很短,只有大约 5~20 ms,而滞后掩蔽可以持续 50~200 ms。

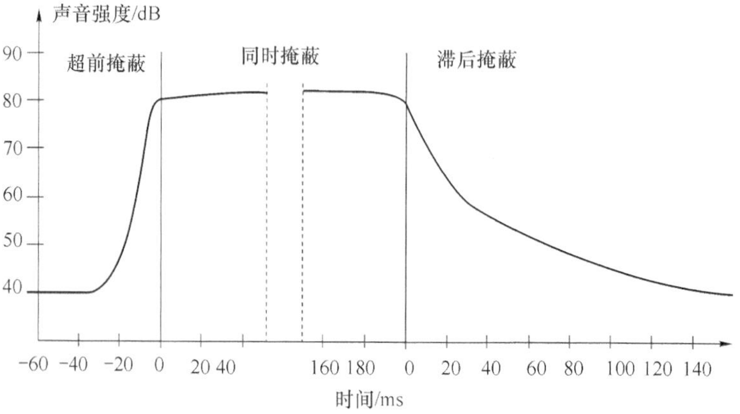

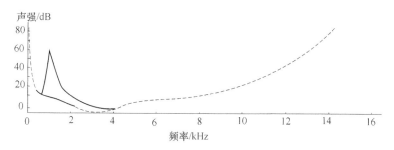

图 2-2　时域掩蔽效应

2.1.3　频域掩蔽

时间上比较接近的信号会产生掩蔽现象,能量较弱的频率成分也会被邻近能量较强的频率成分掩蔽。图 2-3 显示了 1 000 Hz,60 dB 纯音的掩蔽曲线。

图 2-3　1 000 Hz,60 dB 纯音的掩蔽曲线

图 2-3 中,虚线所示曲线为静音环境下的听阈,即不同频率恰能被人感知的纯音声压级。由于强信号的存在,其附近的听阈发生了变化。在掩蔽范围内,起听阈被提高了。新的阈值,即不可闻声的最大声强级,称为掩蔽阈值。当被掩蔽音声强低于掩蔽音的掩蔽阈值时,就会发生掩蔽效应。例如,安静环境下,2 000 Hz,10 dB 左右的声音就可以被感知,然而,存在 1 000 Hz,60 dB 掩蔽音时,人却听不到上述声音了。可以看出,越靠近掩蔽音,掩蔽效果越好,亦即掩蔽阈值越高。

不同声音的掩蔽效果不同,可以三种典型的掩蔽音分析掩蔽效果,分别是:纯音、宽带噪声和窄带噪声。

1. 纯音对纯音的掩蔽

纯音对纯音的掩蔽曲线较为简单。掩蔽曲线在低频处陡峭,在高频处平坦,掩蔽效果在掩蔽音附近最明显。低频纯音信号可以掩蔽高频纯音信号,反之效果较弱。

2. 宽带噪声对纯音的掩蔽

宽带噪声对纯音的掩蔽曲线比纯音对纯音的掩蔽曲线平坦。虽然宽带噪声的功率谱是平坦的,但其掩蔽曲线只在低频区域保持水平。当频率高于 500 Hz 时,掩蔽阈值随着频率的升高而增加,每 10 倍频程掩蔽阈值大约提高 10 dB。在低频区域,掩蔽阈值一般比噪声功率谱密度高 17 dB。

3. 窄带噪声对纯音的掩蔽

窄带噪声对纯音的掩蔽效应比较复杂,是窄带噪声声压级和中心频率的函数。可以分别从这两个方面描述掩蔽效应。

首先,针对同一中心频率(1 000 Hz)不同声压级的窄带噪声的掩蔽曲线,掩蔽曲线随着声压级的升高而展宽,声压级为 20 dB 的窄带噪声只能掩蔽中心频率附近不到 500 Hz 带宽范围内的纯音,而声压级为 80 dB 的窄带噪声则可以掩蔽的 500 Hz 到 10 kHz 频率范围内的纯音。掩蔽曲线的另一个特点是,曲线峰值出现在中心频率处,声压级高于 80 dB 时,在高频区域出现谷点。

然后,针对相同声压级,中心频率不同的窄带噪声的掩蔽曲线,如图 2-4 所示。可以看到,掩蔽曲线同样不等宽,随着中心频率的提高,掩蔽曲线的带宽也随之展宽。

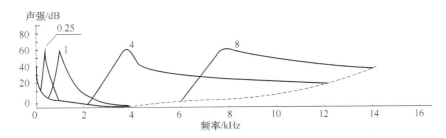

图 2-4　中心频率不同的窄带噪声的掩蔽曲线

总结频域掩蔽效应可以得出结论:

1. 掩蔽曲线非对称,低于掩蔽音频率的掩蔽曲线陡峭,高于掩蔽音频率的掩蔽曲线较为平坦,因此,高于掩蔽音频率的声音更容易被掩蔽。

2. 掩蔽曲线带宽随着掩蔽频率的增加呈对数性增大。

可以用临界带描述掩蔽特性。Fletcher 通过试验获得一组通带,并将它们称之为临界带(critical bands),用以反映人们对信号不同频率成分的感知和分辨能力。在他的试验中,首先用宽带白噪声掩蔽一个纯音,噪声声压级强度恰好能掩蔽纯音。然后,不断减小噪声带宽直到纯音刚好能被听到。这个临界带宽就称为临界带。

常用 24 个临界带覆盖人耳听觉的感知频率,用 bark 刻度将线性频率映射到人耳感知频率,一个 bark 刻度对应一个临界带,线性频率 f 和 bark 刻度 z 的隐射关系为:

$$z = 13 \arctan(0.76f) + 3.5 \arctan(f/7\,500)$$

实际使用中,采用经过量化的 bark 刻度,每个 bark 刻度对应一个临界带的起止频率,如表 2-1 所示。

表 2-1 不同频度与 bark 的对应关系

临界带 (bark)	频率/Hz			临界带 (bark)	频率/Hz		
	低频	高频	带宽		低频	高频	带宽
0	0	100	100	13	2 000	2 320	320
1	100	200	100	14	2 320	2 700	380
2	200	300	100	15	2 700	3 150	450
3	300	400	100	16	3 150	3 700	550
4	400	510	110	17	3 700	4 400	700
5	510	630	120	18	4 400	5 300	900
6	630	770	140	19	5 300	6 400	1 100
7	770	920	150	20	6 400	7 700	1 300
8	920	1 080	160	21	7 700	9 500	1 800
9	1 080	1 270	190	22	9 500	12 000	2 500
10	1 270	1 480	210	23	12 000	15 500	3 500
11	1 480	1 720	240	24	15 500	22 050	6 550
12	1 720	2 000	280				

2.2 离散音频信号处理基础

音频信息隐藏以语音为载体,利用人耳感知特性,隐藏秘密信息。该过程中,音频信号分析处理是算法设计和信息隐藏的基础步骤,只有获取参数,分析结果,才能完成信息隐藏。

根据分析参数的不同,音频信号分析可分为频域分析和时域分析。因为音频信号本身是时域信号,所以时域分析最直观。时域分析还具有运算量小,物理意义明确等优点。时域分析通常包括短时能量分析、短时过零率分析和短时自相关分析等。

频域分析反映了 HAS 感知特性,其结果更有效,常用的频域分析包括傅里叶变换和线性预测等。频域分析的优点:虽然音频信号波形随着时域变化,但其频谱具有相对稳定性;频谱有较明显的声学特征,可以获取具有实际物理意义的声学特征参数,如共振峰和基音周期等。

音频信号分析也可分为模型分析法和非模型分析法两类。音频信号的产生可通过数学模型描述,通过对信号的分析获取表征这些模型的参数,称为模型分析法,例如线性预测和共振峰分析等。其他都可称为非模型分析,包括短时能量、过零率、自相关和频域分析等。

2.2.1　短时加窗处理

研究表明,音频信号的特性随着时间而变化,是一个非稳态过程。另一方面,虽然音频信号具有时变特性,但在短时范围内,其特性基本保持稳定,因而具有短时平稳性。鉴于这个特性,音频信号中的分析几乎都是建立在"短时"基础上的,研究者通常利用分析窗提取一段信号进行研究,称之为"一帧"信号。通常,帧长在 2～3 个基因周期或是 10～30 ms。

音频信号经短时窗截取可以用下式表达:

$$x(n) = \sum_{m=-\infty}^{+\infty} x(m)w(n-m)$$

常用的窗函数包括:

矩形窗(Rectangle)

$$w(n) = \begin{cases} 1, n = 0, \cdots, N-1 \\ 0, 其他 \end{cases}$$

汉明窗(Hamming)

$$w(n) = \begin{cases} 0.54 - 0.46\cos\left(\dfrac{2\pi n}{N-1}\right), n = 0, \cdots, N-1 \\ 0, 其他 \end{cases}$$

汉宁窗(Hanning)

$$w(n) = \begin{cases} 0.5\left(1 - \cos\left(\dfrac{2\pi n}{N-1}\right)\right), n = 0, \cdots, N-1 \\ 0, 其他 \end{cases}$$

三角窗(Barlet)

$$w(n) = \begin{cases} \dfrac{2n}{N-1}, n = 0, \cdots, \left\lfloor \dfrac{N-1}{2} \right\rfloor \\ 2 - \dfrac{2n}{N-1}, n = \left\lceil \dfrac{N-1}{2} \right\rceil, \cdots, N-1; \\ 0, \text{其他} \end{cases}$$

二次余弦窗（Blackman）

$$w(n) = \begin{cases} 0.42 - 0.5\cos\left(\dfrac{2\pi n}{N-1}\right) + 0.08\cos\left(\dfrac{4\pi n}{N-1}\right), n = 0, \cdots, N-1 \\ 0, \text{其他} \end{cases}$$

其中 N 为窗长度。

分帧可以连续，也可以交叠，交叠部分称为帧移，通常为窗长的一半。语音加窗需要考虑两个重要因素：窗函数的形状和窗函数的长度。

时域加窗可视为信号经过窗函数滤波，音频信号和窗函数在时域卷积，根据傅里叶变换性质，音频信号频率响应与窗函数频率响应相乘。因而，窗函数频率响应的特性对音频信号分析有重要影响。窗函数具有低通特性。从零频开始到第一个零值频率之间的频率带宽为主瓣宽度，其间幅值为主瓣。由窗函数频率响应可知，矩形窗主瓣宽度为 f_s/N，N 为窗函数时域长度，f_s 为采样频率。其他类型窗函数主瓣宽度大约为矩形窗的 2 倍。另一方面，矩形窗主瓣外的衰减明显小于其他类型窗函数。

由主瓣带宽可以看出，窗函数的长度对音频信号分析有较大影响。短的窗函数具有较宽的主瓣带宽，不能得到较为平滑的短时信息。若窗函数长度很长，则窗函数效果等效为较窄的低通滤波器，因而也不能充分地反映波形变化的细节。

一般而言，矩形窗的谱平滑性较好，但波形细节丢失，并且容易产生功率泄露，汉宁窗可以有效地削弱功率泄露现象，应用范围最为广泛。

2.2.2　短时平均能量和跨零数

音频信号的能量随时间明显变化，清音部分能量比浊音部分能量小得多，音频信号的短时能量有效地反映了音频信号幅度的这一变化。音频信号具有短时平稳特性，通过加窗获取音频信号片断，定义短时平均能量为：

$$E_n = \sum_{m=n-N+1}^{n} (x(m)w(n-m))^2$$

其中 x 为音频信号，w 为窗函数。

窗函数的选取和分段的长度关系短时平均能量能否准确地反映信号的幅度变化特性。

短时平均能量可应用于区分清音和浊音，浊音的短时平均能量大于清音的短

时平均能量。对于大电平信号,短时平均能量的平方处理过于灵敏,可用短时平均

幅值 $X(n,\omega) = \sum\limits_{m=-\infty}^{+\infty} x[m]w[n-m]e^{-j\omega m}$ 来度量。

跨零数每帧内信号通过零值的次数,一定程度上显示了信号的频谱性质。定义短时平均跨零数为:

$$Z_n = |\,\text{Sgn}[x(n)] - \text{Sgn}[x(n-1)]w(n)$$

其中 Sgn[·]是符号函数,当变量值大于或等于零时,符号函数值为 +1,否则为 −1。

浊音具有周期性,其能量集中在 3 000 Hz 内;清音类似于白噪声,其能量集中在高频部分。因此,浊音的短时平均跨零数低于清音的短视平均跨零数。

可得:

1. 跨零数与高斯分布基本吻合,浊音跨零数均值为 14 次/10 ms,清音跨零数为 47 次/10 ms。

2. 清音和浊音短时平均跨零数分布有交叠区域,但不妨碍跨零数做为清浊音的粗略判断指标。

短时平均能量和短时平均跨零数也可作为静音和语音段的识别指标。

2.2.3 短时自相关函数和短时平均幅度差函数

一般情况下,相关函数用于测定连个信号在时域的相似程度,在超前和滞后处出现峰值,自相关函数主要研究信号本身的周期性,浊音信号具有周期性,即基音周期,可利用短时自相关函数查找。定义短时自相关函数:

$$R_n(k) = \sum\limits_{m=-\infty}^{+\infty} x(mw(n-m)x(m+k)w(n-m-k))$$

从定义可以证明,短时自相关函数是偶函数,即:$X(n,\omega) = \sum\limits_{m=-\infty}^{+\infty} x[m]w[n-m]e^{-j\omega m}$,且 $X(n,\omega) = \sum\limits_{m=-\infty}^{+\infty} x[m]w[n-m]e^{-j\omega m}$ 在 $k=0$ 时,取得最大值,等于加窗音频信号的能量。若音频信号是浊音信号,其自身具有周期性,短时自相关函数也将具有周期性,且它的周期与音频信号的周期相同。若是清音信号,由于清音信号类似于噪音,所以短时自相关函数随着 k 的增加而递减,因此,可以利用这个特点判断清浊音信号。

短时自相关函数选取的窗函数宽度的原则与短时平均能量的原则不同,应至少为基音周期的两倍,否则找不到自相关函数的第二个峰值点。在满足上述要求的前提下,窗函数宽度应尽可能小,否则就失去短时平稳的特性。为了解决这个矛盾,引入了"变形短时自相关函数",定义为:

$$\hat{R}_n(k) = \sum_{m=-\infty}^{+\infty} x(m)w_1(n-m)x(m+k)w_2(n-m-k)$$

其中两个窗函数的宽度不同。

短时自相关函数是音频信号时域分析的重要参数,但短时自相关函数的运算量较大,因而常使用具有类似功效的另一参数来代替短时自相关函数,定义短时平均幅度差为:

$$F_n(k)\frac{1}{R_m} = \sum_{m=-\infty}^{+\infty} |x(n+m)w_1{'}(m) - x(m+m+k)w_2{'}(m+k)|$$

因为浊音信号具有周期性,因此短时平均幅度差会在基因周期处出现波谷。其中,若窗函数取相同宽度,则幅度差函数效果类似短时平均自相关函数,否则,类似改进短时平均自相关函数,经研究,$F_n(k)$ 和 $R_n(k)$ 之间的关系可近似表达为:

$$F_n(k) \approx \frac{\sqrt{2}}{R}\beta(k)\big[\hat{R}_n(0) - \hat{R}_n(K)\big]^{\frac{1}{2}}$$

其中 $\beta(k)$ 随 k 值的变化并不明显,约在 $0.6 \sim 1.0$ 范围内。

短时平均幅度差函数的主要计算为加法、减法和取绝对值运算,相对于短时自相关函数,运算量大大降低了。

2.2.4　短时傅里叶变换

定义短时傅里叶变换 STFT(short-time Fourier transform 或 short-term Fourier transform)为:

$$X(n,\omega) = \sum_{m=-\infty}^{+\infty} x[m]w[n-m]\mathrm{e}^{-\mathrm{j}\omega m}$$

可以从两方面分析。当 n 固定不动时,上式相当于翻转窗函数,移动 n 个样点,截取短时信号片段并作傅里叶变换。当频率固定不动时,相当于原音频信号经过一个带通滤波器。

实际计算时,采用 FFT 代替离散时间傅里叶变换,相当于对离散时间 STFT 在频域进行频率间隔为 $\frac{2\pi}{N}$ 的抽样,则得到离散 STFT:

$$X(n,k) = \sum_{m=-\infty}^{+\infty} x[m]w[n-m]\mathrm{e}^{-\mathrm{j}\frac{2\pi}{N}km}$$

对于特定时刻 n,$X(n,\omega)$ 是 $x[m]w[n-m]$ 的傅里叶变换,具有傅里叶变换的性质,因此也可由 $X(n,\omega)$ 逆变换得到 $x[m]w[n-m]$。当 $n=m$ 时,得到 $x[n]w[0]$,若 $w[0]$ 不为零,$x[n]$ 就可由综合方程表示:$x[n] = \frac{1}{2\pi w[0]}\int_{-\pi}^{\pi} X(n,\omega)\mathrm{e}^{\mathrm{j}\omega n}\mathrm{d}\omega$。但离散 STFT 变换不一定可逆。

设窗长度为 N_w,若时域抽样 L 大于 N_w,有不被任何短时段包含的 $x[n]$ 样点,则离散 STFT 不可逆;若频域抽样间隔大于 $\dfrac{2\pi}{N_w}$,则 DFT 也是不可逆的。

可以采用 IDFT(Inverse Discrete Fourier Transform,离散傅里叶逆变换)得到短时综合,然而实际应用中一般不采用,因为 STFT 的轻微扰动,即可造成综合信号失真,这里介绍 OLA(叠接相加)法。叠接相加法不直接出去分析窗获得 $x[n]$,而是在短时段之间重叠并相加,从而从合成序列中有效除去分析窗。

定义 OLA 为:

$$x[n]=\frac{1}{2\pi W(0)}\int_{-\pi}^{+\pi}\sum_{p=-\infty}^{+\infty}X(p,\omega)\mathrm{e}^{\mathrm{j}\omega n}\,\mathrm{d}\omega$$

其中 $W(0)=\sum\limits_{n=-\infty}^{+\infty}w[n]$ 。

2.2.5 同态分析

对于带限信号,可以通过带通滤波器将其提取并还原,如果卷积信号也能通过某种方式变为叠加信号,并采用类似方法予以分离,将对参数估计等的应用大有裨益。根据傅里叶变换性质,两卷积信号的傅里叶变换等于两信号各自的傅里叶变换之积,对其取对数,可得到两者和,取逆变换就可得到两信号的倒谱信号的叠加表示。

2.2.6 语谱分析

定义 $w[n,\tau]$ 为中心在 τ 的分析窗,信号 $x[n,\tau]=x[n]w[n,\tau]$ 是中心在 τ 的分析窗截断的短时音频信号,该短时信号的傅里叶变换为 $X(\omega,\tau)=\sum\limits_{n=-\infty}^{+\infty}x[n,\tau]\mathrm{e}^{-\mathrm{j}\omega n}$,其功率谱,通过图形方式表现出来,就是语谱图。语谱图是显示时频谱幅度特征的图形,其表达式为: $S(\omega,\tau)=|X(\omega,\tau)|^2$ 。语谱图横轴为时间样点轴,纵轴为频率轴,在二维图中,使用颜色深浅或灰度明暗显示信号不同时刻、不同频率分量的能量强弱。语谱分析时,滑动窗不需要每次移动一个样点,可以帧为间隔移动。已知,使用傅里叶变换不能同时在时域和频域获得较高分辨率,因此滑动窗的大小影响时频分辨率。

以浊音信号为例进行语谱分析。短滑动窗(窗长度小于一个基音周期)能够获得较好的时域分辨率,但短滑动窗对应的傅里叶变换带宽较宽,容易产生混叠,从而只能粗略描绘包络,一般称用短滑动窗获得的语谱图为宽带语谱图。长滑动窗(窗长度大于二个基因周期)的傅里叶变换产生较窄的主瓣,有较好的频域辨析度,能区分出各次谐波谱线,称之为窄带语谱图。然而包含了多个基音周期的长窗不能很好地揭示时域上的周期变化,因此窄带语谱图具有较差的时域分辨率。

图 2-5 到图 2-8 示意了浊音信号窄带和宽带语谱分析效果。图 2-5 显示周期信号经长窗截断,图 2-6 显示窗函数傅里叶变换出现在各次谐波频率上,主瓣之间没有混叠,可以清晰地区分出各次谐波。窄带语谱分析具有良好频域辨析度。图 2-7 显示周期信号经短窗截断,图 2-8 显示窗函数傅里叶变换出现在各次谐波频率上,并且主瓣展宽后产生混叠,能粗略显示包络。宽带语谱具有良好时域辨析度,但以频域辨析度作为代价。

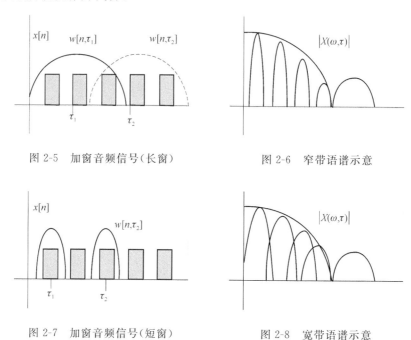

图 2-5　加窗音频信号(长窗)　　　　　图 2-6　窄带语谱示意

图 2-7　加窗音频信号(短窗)　　　　　图 2-8　宽带语谱示意

2.2.7　音频信号的线性预测分析

线性预测分析的核心思想是,某时刻的语音样点能够用过去时刻若干语音样点的线性组合来逼近,在最小方差意义下,可以得到一组唯一的预测系数。

2.3　音频信号的统计特性

对于一段音频信号,通过观察其波形,可以得到一些反映语音声学特性的信息[1]。图 2-9(a)画出了音节"明月光(ming yue guang)"的波形图,其中我们可以看到这样几种波形:

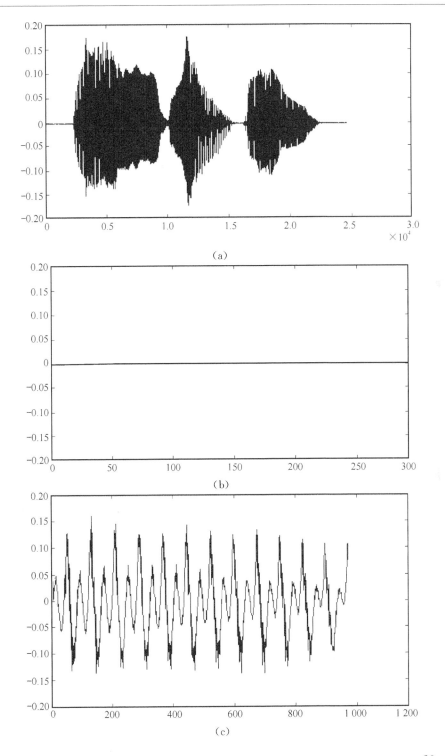

（a）

（b）

（c）

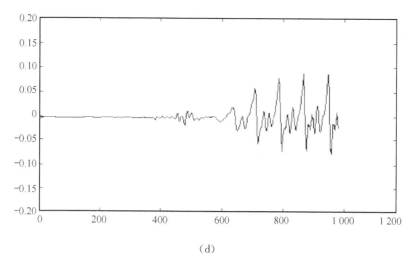

(d)

图 2-9　声音信号的波形图

静息波：它是音节之间的间隙，在波形上是一条细线（见图 2-9（b））。

准周期波：它是浊音的波形，如 ing,ang 等，它们具有比较明显的周期性（见图 2-9(c)）。各个浊音的波形是不同的。

噪声波：摩擦音的波形（见图 2-9(d)）。

脉冲波：塞音 g 的起始段波形（见图 2-9(d)）。

元音的产生是通过声带的准周期振动，经声道调制，由口鼻辐射出来。不同的元音，其频谱特性是不同的。各个元音的差异，可以用元音的前三个共振峰频率 $f1,f2,f3$ 来表示。表 2-2 给出了汉语拼音七个韵母的前三个共振峰频率。$F1$ 主要分布在 290 Hz 至 1 kHz 范围，$F2$ 分布在 500 Hz 至 2.5 kHz 范围，$F3$ 分布在 2.5 kHz 至 4 kHz 的范围内。

表 2-2　汉语拼音七个韵母的共振峰频率/Hz

共振峰	性别	i 衣	u 乌	ü 迂	a 啊	o 喔	e 鹅	er 儿
$F1$	男	290	380	590	1 000	580	540	540
	女	320	420	320	1 230	720	750	730
	童	390	560	400	1 290	850	880	750
$F2$	男	2 360	440	2 160	1 160	670	1 040	1 600
	女	2 800	650	2 580	1 350	930	1 220	1 730
	童	3 240	810	2 790	1 290	1 020	1 040	1 780
$F3$	男	3 570	3 560	3 460	3 120	3 310	3 170	3 270
	女	3 780	3 120	3 700	2 830	2 930	3 030	3 400
	童	4 260	4 340	4 250	3 650	3 580	4 100	4 030

2.4　音频信号处理基础

信息隐藏和数字水印中,采用的主要方法都是以数字信号处理为基础,因此本节主要介绍在音频信号处理中常用的方法。

2.4.1　音频波形编码

音频信号的编码方式可以分为两大类,一类是波形编码,一类是参数编码。波形编码力图使重建的音频波形保持原音频信号的波形形状。常见的波形编码有脉冲编码调制(Pulse Code Modulation,PCM)、自适应增量调制(Adaptive Delta Modulation,ADM)、自适应差分编码(Adaptive Differential Pulse Code Modulation,ADPCM)、自适应预测编码(adaptive predictive coding,APC)、自适应子带编码(The adaptive subband coding,ASBC)、自适应变换编码(Adaptive transform coding,ATC)等。波形编码的特点是话音质量好,但编码速率比较高。一般的编码速率为 $64 \sim 16$ kbit/s。要想达到更低的编码速率,波形编码就无能为力了。而参数编码是通过对音频信号特征参数的提取并编码,力图使重建的音频信号具有较高的可懂度,而重建的音频信号波形与原始音频波形可以有很大的差别。参数编码的优点是编码速率低,它可以达到 2.4 kbit/s 甚至更低,能够达到听懂话音,但是其主要问题是语音的自然度较低。

2.4.1.1　PCM 编码

音频信号的波形编码就是对信号采样幅度进行标量量化。信号的量化在很大程度上决定了编码速率和编码失真,因此幅度量化在波形编码中是一个重要的问题。衡量量化算法的一种重要指标就是量化误差(或量化噪声)。常见的量化方法有均匀量化和非均匀量化。均匀量化是每个量化间隔都相等,量化电平取各个量化区间的中点。均匀量化方法简单,易于实现,适合于具有均匀分布的输入信号。而音频信号的幅度值的分布不满足均匀分布,音频信号是非平稳随机过程,它的特点是低幅度值样点出现概率比较大,高幅度值样点出现概率相对较小,因此非均匀量化考虑到量化特性曲线同输入信号的概率密度函数相匹配,可以在概率密度函数较高的区域内,选取较小的量化间隔,在其他区域选取较大的量化间隔,这样可以降低量化噪声,提高信噪比。国际电联在 ITU.T G711 中给出了国际上通用的两种对数压缩特性,即 A 律与 μ 律压缩,采样频率为 8 kHz,总编码速率为 64 kbit/s,话音质量可以达到网络等级。详情参见 ITU-T 标准。

2.4.1.2　ADPCM 编码:

对于许多应用,64 kbit/s 的编码速率所占用的频带太宽,希望在保证高质量语音质量的前提下,降低编码速率。自适应差分编码(ADPCM)可以达到在 40,32,24,16 kbit/s 的编码速率上给出网络等级的话音质量。见 ITU-T G726标准。

ADPCM 利用了音频信号样点之间的相关性,并且使用了自适应预测和自适应量化技术。

2.4.1.3 SBC(子带编码)

PCM 和 ADPCM 编码都是对音频信号的全频带进行时域编码,而子带编码是先将输入信号分割成几个不同的频带分量,然后再分别进行编码。信号分解成不同频带的分量后,去除了信号的多余度,得到了一组互不相关的信号。子带编码主要有两个优点。由于语音的基音和共振峰主要集中在低频段,它们要求保留比较高的精度,因此,对低频段的子带可以用较多的比特数进行量化,而高频段可以分配比较少的比特数。即合理地分配比特数,可以控制量化误差,获得更好的语音质量。另外,各子带内的量化噪声相互间独立,被束缚在自己的子带内,这样就能避免输入电平较低的子带信号被其他子带的量化噪声所淹没。这种情况在整带编码中就会发生。

在语音通信中,16~32 kbit/s 的子带编码能够给出高质量的重建语音,在 9.6 kbit/s 的速率上,能得到中等的通信质量。子带编码的问题是编解码延时比较长,约在几十到 100 ms 之间。这种延时对有些通信系统来说是不能接受的,因此子带编码主要用于声音信号的存储、广播等允许较长延时的系统。

子带编码时,首先用一组带通滤波器将输入信号分成若干个子带信号,然后将这些带通信号经过频率搬移变成基带信号,再对它们分别进行采样。采样后的信号经过量化编码,再将各子带的编码合路为一个总编码进行传输。量化编码可以用 PCM、ADPCM 等方式。解码时,先把总编码分成各子带编码,分别进行解码,再经过插值,频率搬移,带通滤波,最后相加得到重建信号。子带编码时,各子带的带宽可以是相同的也可以是不同的。

2.4.1.4 变换域编码(TC)

与子带编码相比,变换域编码是一种"频域"编码。子带编码虽然是将音频信号分割为各个子带,但在各个子带内,仍然是对时域波形进行编码。而变换域编码是将时域信号变换到相应的变换域上,对变换域系数进行编码。对时域信号的变换包括离散傅里叶变换(DFT)、离散余弦变换(DCT)、离散小波变换等。

变换域编码是一种块编码,它是对连续 N 个输入采样,进行变换后,对变换域的系数进行量化编码,量化的方法可以采用标量量化,也可以采用矢量量化。变换系数的量化需要进行合适的比特分配,某些重要的系数需要比较精细的编码,而某些不重要的系数可以采用较粗糙的量化,甚至可以丢弃。

2.4.2 语音短时特性

音频信号具有非平稳的特性,因此任何音频信号数字处理算法和技术都应该建立在"短时"的基础上。这里简单介绍一些常用的短时特性。

2.4.2.1 音频信号的存储和加窗

音频信号处理一般取一帧为 20 ms,当采样频率为 8 kHz 时,每帧有 160 个采样点。取出一帧语音时要用一个窗函数乘以音频信号。常用的窗函数有矩形窗和哈明窗,表达式为:

矩形窗(其中 N 为帧长)

$$w(n) = \begin{cases} 1, & n = 0,1,\cdots,N-1 \\ 0, & 其他 \end{cases}$$

哈明窗

$$w(n) = \begin{cases} 0.54 + 0.64\cos\left[\left(\dfrac{2n}{N-1}-1\right)\pi\right], & n = 0,1,\cdots,N-1 \\ 0, & 其他 \end{cases}$$

2.4.2.2 音频信号的短时能量、短时平均幅度和短时过零率

音频信号的短时能量。当窗 $w(n)$ 的起点为 0 时,音频信号的短时能量表示为 $E_0 = \sum\limits_{n=0}^{N-1} s_w^2(n)$,其中 $s_w(n)$ 为加窗后的音频信号。如果窗的起点为 m,那么相应的短时能量为 $E_m = \sum\limits_{n=m}^{m+N-1} s_w^2(n)$。

音频信号的短时平均幅度:$M_m = \sum\limits_{n=m}^{m+N-1} |s_w(n)|$,其中 m 为窗的起点。

音频信号的短时过零率,它表示一帧语音中音频信号波形穿过横轴(零电平)的次数,它可以用相邻两个采样点改变符号的次数来计算。

$$Z_m = \frac{1}{2}\left\{ \sum_{n=m+1}^{m+N-1} |\mathrm{sgn}[s_w(n)] - \mathrm{sgn}[s_w(n-1)]| \right\}$$

其中 sgn 代表取符号,$\mathrm{sgn}[x] = \begin{cases} 1, & x \geqslant 0 \\ 0, & x < 0 \end{cases}$。同样,$s_w(n)$ 为加窗后的音频信号,m 为窗的起点。

E,M,Z 为随机参数,但是对不同性质的语音具有不同的概率分布,如对于无声(S,silence),清音(U,Unvoice)和浊音(V,Voice),它们具有不同的概率密度函数,如图 2-10 所示。

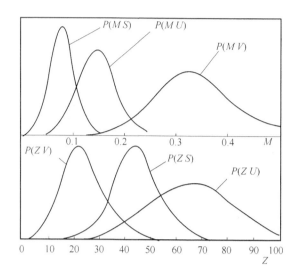

图 2-10　在无声、清音和浊音的情况下,短时平均幅度 M
和短时过零率 Z 的条件概率密度函数示意图

可以看出,浊音 V 的短时平均幅度最大而短时过零率最低,清音 U 的短时平均幅度居中而短时过零率最高,无声 S 的短时平均幅度最低而短时过零率居中。

利用这些短时参数,可以判断一段语音哪些是无声段,哪些是语音段,语音段中要正确识别语音的起点和终点,并且判断语音为清音还是浊音。

2.4.3　线性预测分析

前面介绍了音频信号的波形编码可以使传输比特率降到 16 kbit/s 到 64 kbit/s,再低的比特率就影响语音的质量了。要想得到更低的编码速率,就需要采用对音频信号进行参数编码的方法,参数编码是根据语音产生模型直接提取声道参数,对参数进行编码。音频信号的线性预测编码(Linear Predictive Coding,LPC)是目前参数编码中最有效的一种方法,它能够在 2.4 kbit/s 的速率下获得清晰、可懂的合成声音。

线性预测的基本概念是,一个语音采样点的当前值,可以用若干个前面采样点的加权线性组合来逼近,线性组合的加权系数称为预测器的系数。线性预测的基本原理是建立在前面介绍的音频信号数字模型的基础上的。

声道系统是一个时变系统,但它是一个随时间缓慢变化的系统,一般可以认为在 10~20 ms 内是不变的。声道模型可以用一个全极点模型来模拟

$$H(z) = \frac{S(z)}{U(z)} = \frac{G}{1 - \sum\limits_{l=1}^{p} a_l z^{-l}} V(z) = \frac{G}{1 - \sum\limits_{m=1}^{N} \alpha_m z^{-m}}$$

当阶数 N 足够大时,这个全极点模型几乎可以模拟所有的声道系统(包括清音、浊音、鼻音和摩擦音)。线性预测就是对系数 G 和 α_m 进行估计。设系统的激励为 $u(n)$,产生的音频信号为 $s(n)$,利用声道模型,可以得到

$$s(n) = \sum_{m=1}^{N} \alpha_m s(n-m) + Gu(n)$$

线性预测的基本原理是:音频信号的当前估计值 $\hat{s}(n)$,可以用前 N 个值 $s(n-1)$,$s(n-2)$,$\cdots$,$s(n-N)$ 的加权线性组合来逼近,即

$$\hat{s}(n) = \sum_{m=1}^{N} \alpha_m s(n-m)$$

由此估计所引入的误差为:

$$e(n) = s(n) - \hat{s}(n) = s(n) - \sum_{m=1}^{N} \alpha_m s(n-m)$$

线性预测的基本问题就是估计出一组合适的预测器系数 α_m,使得总均方误差达到最小化。

短时平均预测误差定义为:

$$E_n = \sum_{l} e_n^2(l)$$

故

$$E_n = \sum_{l} \left[s_n(l) - \hat{s}_n(l) \right]^2 = \sum_{l} \left[s_n(l) - \sum_{m=1}^{N} \alpha_m s_n(l-m) \right]^2$$

其中平均预测误差为预测系数 α_m 的二次函数,若预测误差对 α_m 的一阶偏导数为零,可以得到一组关于 α_m 的方程,解此方程就可以得到预测器系数 α_m。求解最佳线性预测器的系数有多种方法,如自相关法,协方差法等,这里就不再详细介绍,请参见文献[1]。

参考文献

[1] Bender W,Gruhl D,Morimoto N,et al. Techniques for Data Hiding[J]. IBM System Journal,1996,35(3&4):313-336.

[2] Voyatzis G,Nikolaidis N,Pitas I. Digital Watermarking:an Overview[J]. 9ᵗʰ European Signal Processing Conference,1998:9-12.

[3] Cox I J,Matt L Miller. A Review of Watermarking and the Importance of Perceptual Modeling[J]. SPIE Proceeding on Human Vision and Electronic

Imaging,1997,3016：92-99.

[4] 雒海潮，孙伯秦. 数字水印技术的研究[J]. 现代电子技术,2004,174:47-50.

[5] 王勋，费玉莲，许剑良. 数字水印技术研究进展[J]. 绍兴文理学院学报，2002,22(4):41-45.

[6] Craver S，Memon N，Yeo B L. Resolving Rightful Ownerships with Invisible Watermarking Techniques：Limitations，Attack and Implications[J]. IEEE journal on selected areas in communication，1998，16(4):573-586.

[7] 人类听感的基本特征. http://etc. yctc. edu. cn/mulu/dhjygl-gaishu1. htm.

第3章 音频信息隐藏算法性能研究

评价任何一个音频水印算法的性能指标有三个,分别是透明性、隐藏容量和鲁棒性,没有任何一种音频信息隐藏算法能使上述三个性能指标都达到最优。

由于人类的听觉系统比视觉系统敏感得多,因此,音频数字水印要实现鲁棒性和透明性之间的较好平衡就更加困难,音频水印具有更大的挑战性。

鲁棒性和透明性是水印算法两个重要性能指标,但它们是一对互相矛盾的指标。任何算法都必须在透明性和鲁棒性之间取得权衡和折中。透明性由于直接关系数字音频信号的使用,是音频水印用户特别关心的问题之一,也是音频水印测评的重要技术指标。

3.1 透明性

由于语音感知设计多方面因素,包括客观和人耳主观感知能力,很难定量度量音频信息隐藏算法透明性,对音频信息隐藏算法透明性的研究应该借鉴语音质量评价的现有结果。本章先介绍语音质量评价方法,然后介绍透明度度量框架,最后研究可用于透明度度量的待选方法。

语音质量评估可以从客观和主观两个方面进行。由于音频信号最终由人感知,所以主观评价最吻合人的感知特性。但主观评价耗时耗力,且具有不稳定性。所以客观评价也十分重要。但客观评价不能代替主观评价,是主观评价的辅助。

客观评价算法的评价指标是和主观评价的相关度,如果某个算法客观评价结果和主观评价结果越相近,算法设计得越好。

音频压缩算法音质评估关心音质的下降,信息隐藏算法透明性关心的是嵌入秘密信息的泄密音频听众在收听的过程中是否引起听众的怀疑?即便音频中有噪音也好,只要噪音类似于合理噪声即可。

所以透明性的研究应分为几个阶段:最低阶段,最严格控制,直接借鉴音质客观评估算法,要求和携密语音与原音相比,几乎没有下降;最高阶段,最宽松限制,可以允许有噪音,但噪音不引起怀疑,这个建模非常困难。

3.1.1 透明性现有算法评价方法

3.1.1.1 平均意见分 MOS

MOS(Mean Opinion Score),平均意见分,是 ITU 推荐的主观评分方法,目前得到广泛应用,它将语音质量分为 5 个等级:优(5 分)、良(4 分)、一般(3 分)、差(2 分)、坏(1 分)。一般高质量的语音(例如 G.711PCM 编码方法)可以达到 4 分。

算法设计者寻找听众对携密语音打分,以平均意见分作为算法透明性评价的指标。该方法以携密语音最终接受对象为评价者,其评价结果最具有说服力。该方法受听众、听众对载体语音发音者熟悉程度等主观因素影响,同时,需要做多少组实验、需要选用多少载体等才能说明语音确实达到所宣称的 MOS 值,这些问题都没有明确的标准。总的来说,MOS 法十分耗费人力和时间。主观测试直接反映了人对音频质量的感受,一般来说比较准确,对最终的质量评价和测试有实际价值的。但是其缺点是,不同听众之间主观差异较大,并且实验时要得到较好的统计结果,就需要找大量的人员进行测试,因此结果的可重复性不强。

MOS 分值的含义[1]如表 3-1 所示。

表 3-1　MOS 主观评分标准

分数	音频质量	描　　述
5	优异	相当于专业录音棚的录音质量,非常清晰
4	良	相当于 PSTN 网上的语音质量,语音流畅
3	中	达到通信质量,听起来稍有困难
2	差	质量很差,难以理解
1	不能分辨	语音不清楚,基本被破坏

3.1.1.2 AB 方法

分析 AB 法,试验者首先仔细听目标语音,也就是公开载体和隐蔽载体,这两者的播放顺序是随机的;然后随机播放公开载体和隐蔽载体若干次,试验者被要求辨认听到是哪一段目标语音,记录试验者的判断结果。判断结果有三类情况。一是判断结果正确率较高,这说明公开载体和隐蔽载体的区别明显,这类情况下,透明度的主观评价分数应比较低。第二类情况是判断结果正确率在 50% 左右,这说明试验者难以分辨公开载体和隐蔽载体,因而透明度的主观评价分数应比较高。第三类情况是判断正确率很低,此类情况下,虽然试验者不能正确判断公开载体和隐蔽载体,但试验者能明显感知两类话音的区别,因而透明度的主观评价分数也应比较低。结合上述分析,设计透明性主观评价分数为:

$$s = 5 - 10 \, | \, p - 0.5 \, |, \, | \, p \, | \leqslant 1$$

p 是判断正确率,当 $p=0.5$ 时,透明度主观评价分数最高,达到 5 分;p 距 0.5 越远,分越低,$p=1$ 时,s 为 0 分。

AB 法指标的逻辑意义最清晰,明确地说明了携密语音和载体语音的主观差别程度。然后,AB 法和 MOS 法一样,受主观不确定性的影响,整个测试过程耗费较多人力和时间。

3.1.1.3　波形图

算法设计者也常比较泄密语音和原始语音的波形图来描述算法的透明度。波形图是最直观的表现形式,一定程度上能较好地说明算法透明度。然而,波形图对不利用波形进行隐藏的算法不一定有效,根据同时掩蔽的原理,我们可以得知,即便波形有较大差异,主观听觉仍可以保持良好效果,典型例子是低速率语音编码。

3.1.1.4　语谱图

语谱图从时域和频域两维辨析语音,提供了语音的充分信息,可以更有效地描述泄密语音和载体语音的差别。语谱图法的缺陷在于,没有一个明确地等级可以说明算法的透明程度。

现有评价方法中,主观指标类中 AB 方法清晰明确,但耗时耗力,且受主观因素的干扰。客观评价方法主要是观察法,虽然语谱图避免了波形图的缺陷,但仍然依赖观察,不够"客观"。

透明性除主观评价技术之外,还可以采用客观定量的评价标准来判断水印算法的透明性,如信噪比和峰值信噪比。

3.1.1.5　信噪比

如果把嵌入的水印信号看作是加载到原始音频信号上的噪声,则可以通过计算信噪比来衡量嵌入的水印信号对音频信号的影响程度。信噪比(Signal to Noise Ratio,SNR)定义如下:设 N 为音频数据段长度,x 为原始音频采样数据,x_w 为含水印的音频采样数据,则

$$SNR = 10\log_{10}\frac{\sigma^2}{D}$$

其中 $\sigma^2 = \dfrac{1}{N}\sum_{i=0}^{N-1}(x_i - \overline{x})^2$,$\overline{x} = \dfrac{1}{N}\sum_{i=0}^{N-1}x_i$,$D = \dfrac{1}{N}\sum_{i=0}^{N-1}(x_i - x_{wi})^2$ 。

信噪比其实并不是一个很好的音频听觉质量评价标准,比如在极轻微的同步攻击下即使听觉质量没有变化,信噪比的值也会下降很多。因此人们逐步采用峰值信噪比来作为判断标准。

3.1.1.6　峰值信噪比

在宿主信号中嵌入水印信号之后,通过观察其峰值信噪比也可以定量地评价隐蔽载体的透明性,当载体嵌入秘密信息后,峰值信噪比越高,表示该算法的透明性越好。

峰值信噪比(Peak Signal to Noise Ratio,PSNR)定义如下：设 N 为音频数据段长度，x 为原始音频采样数据，x_w 为含水印的音频采样数据，则

$$PSNR = 10\log_{10}\left[\frac{\max\limits_{0\leqslant n<N}\{x^2(n)\}}{\sum\limits_{n=0}^{N-1}[x_w(n)-x(n)]^2}\right]$$

3.1.2 压缩算法音质客观评价算法

3.1.2.1 基于 SNR 的客观评价方法

大量的实验表明，单一的 SNR 预测主观评价值的能力极差。经过改进的分段信噪比、变频分段信噪比等方法与主观评价的相关度有所提高，但都只是对高速率的波形编码语音而言。

使用 SNR 评价透明度时，采用了充分不必要条件，即待评估语音和参考音频波形类似。实际上，使用希尔伯特变换(Hilbert Transform)或经过相位量化的语音等很多例子可以证明，虽然处理后的音频信号波形上与参考信号有较大出入(SNR 很低)，但听起来两段语音类似。

3.1.2.2 基于 LPC 技术的客观评价方法

基于 LPC 技术评价方法：以 LPC 分析技术为基础，计算原始语音和失真语音之间 LPC 参数的变化，可以直接使用 LPC 参数或经某种变换后的 LPC 参数，包括 LRC(Linear reflection coefficient)、LIR(Log likelihood ratio)、LSP(Line spectrum pairs)、LAR(Log area ratio)、Itakura、CD 等方法及其改进方法。[12,15,34,35]

CD[2] 定义为：

$$CD = \frac{10}{\log 10}\sqrt{2\sum_{i=1}^{p}(C_x(i)-C_y(i))^2}$$

其中，P 是 LPCcepstrum 系数的最大阶数。$C_x(i)$ 和 $C_y(i)$ 分别是原始语音和失真语音的 LPC 倒谱系数。CD 和 MOS 的转换公式为：

$$MOS = 0.04CD^2 - 0.80CD + 3.56$$

3.1.2.3 基于谱距离的客观评价方法

以音频信号平滑谱之间的比较为基础，主要有 SD(Spectral Distance)，LSD(Log SD)，FVLISD(Frequency variant linear SD)等等。[12,36,37]

SD 计算方法：

1. 计算原始语音和失真语音每帧信号的 P 阶线性预测系数 $a(1)$ 到 $a(P)$

2. 计算每帧信号的谱幅度，定义为：

$$V_d(n,\omega) = \left|\frac{1}{1-\sum\limits_{k=1}^{P}a_d(k)e^{-jk\omega}}\right|$$

其中 $V_d(n,\omega)$ 是失真语音第 n 帧在频率 ω 处的谱幅度, $a_d(k)$ 是失真语音第 n 帧线性预测系数,原始语音谱幅度的计算方法相同。

3. 计算每帧 SD,定义为:

$$\text{SD}(n) = \left(\frac{1}{L}\sum_{i=1}^{L}\left|V_0(n,\omega_i) - V_d(n,\omega_i)\right|^P\right)^{\frac{1}{P}}$$

其中: L 为每帧样点数, $V_0(n,\omega_i)$ 为原始语音第 n 帧在频率 ω 处的谱幅度。

4. 计算 SD:SD 为各帧谱距离的算术平均。

3.1.2.4 基于听觉模型的客观评价方法

以心理听觉特性为基础,典型算法包括:BSD、MBSD、PSQM、PLP、MSD(Mel Spectral Distortion)等。

BSD 计算方法:

比对信号 $x[n]$, $y[n]$,预处理两信号获得 $L_x[f]$, $L_y[f]$,然后计算谱距离。其中,预处理步骤为:

1. 离散傅里叶变换

2. 取幅度平方

3. 临界带滤波、降采样

4. 等响预加重

5. 方到宋的转换

其中临界滤波的步骤为:

1. 把信号从线性频率域映射到 bark 域,其映射公式为:

$$f = Y(b) = 600\sinh\left(\frac{b}{6}\right)$$

2. 考虑到频率掩蔽效应,不同频率之间相互有掩蔽作用,因此要扩展所得结果,其公式为:

$$10\log_{10}F(b) = 7 - 7.5(b-0.215) - 17.5\left[0.196 + (b-0.215)^2\right]^{\frac{1}{2}}$$

$$D(b) = F(b) * Y(b)$$

等响预加重的步骤为:

结合人耳感知特性,不同频率的同等声压级的响度不同,为了更好地描述语音段感知差别,使用 bark 域双线性预加重等效滤波器建模上述效果:

$$H(z) = \frac{2.6 + z^{-1}}{1.6 + z^{-1}}$$

上述计算出响度级,使用下述公式转化为响度进行比较:

$$L = \begin{cases} 2^{\frac{p-40}{10}}, & p \geqslant 40 \\ \left(\dfrac{p}{40}\right)^{2.642} \end{cases}$$

得到 bark 谱后,计算每个语音段的 bark 谱距离,使用下述公式:

$$\mathrm{BSD}^{(k)} = \sum_{i=1}^{N} \left[L_x^{(k)}(i) - L_y^{(k)}(i) \right]^2$$

其中 $\mathrm{BSD}^{(k)}$ 是第 k 段语音的 bark 谱距离,N 是临界段数。计所有语音段的 BSD 几何平均为 BSD_u,计原始语音的 bark 谱的平均能量为:

$$E_{\mathrm{bark}} = \mathrm{Ave}_k \sum_{i=1}^{N} \left[L_x^{(k)}(i) \right]^2$$

BSD 最终定义为:$\mathrm{BSD} = \dfrac{\mathrm{BSD}_u}{E_{\mathrm{bark}}}$。

MEL 刻度距离计算方法为:

1. 计算第 l 帧原始语音和失真语音 DFT,设频率抽取因子为 N,$\omega_k = \dfrac{2\pi}{N}k$。

2. 定义 $X_{l,n} = \log_{10} \left[\sum_k |X_l(k)|^2 w_n(k) \right]$,其中 $X_l(k)$ 音频信号第 l 帧傅里叶变换第 k 个系数,$w_n(k)$ 是第 n 个 Mel 滤波器的第 k 个样点,k 在第 n 个 Mel 滤波器的上下截止频率间取值。

3. 定义 Mel 倒谱为:

$$\mathrm{MC}(i,l) = \sum_{n=1}^{R} X_{l,n} \cos \left(\frac{n-0.5}{R} i\pi \right)$$

其中 R 为 Mel 滤波器总数,i 取值范围为 $1,\cdots,M$(最大 Mel 刻度)。

4. 定义第 l 帧 Mel 距离为:

$$\mathrm{MD}(l) = \sqrt{\sum_{i=1}^{M} \left[\mathrm{MC}_o(i,l) - \mathrm{MC}_d(i,l) \right]^2}$$

5. 取所有帧 Mel 距离的算术平均为最终 Mel 距离。

还有 PSQM(P. 861 Perceptual Speech Quality Measurement)则是基于语音模型的计算机辅助测试工具,可以客观地评价语音质量,减少主观因素的影响。

基于判断模型:侧重于模拟人对语音质量的判断过程。

其他方法:CHF 法,信息指数法 II,专家模式识别 EPR 法。

相关度超过 0.8 的方法为:Frequency variant seg. SNR(仅对波形编码),CD,SD,MSD,BSD,MBSD,PSQM。

3.1.3 评 价

压缩语音算法的语音音质客观评价算法是对压缩语音主观评价的估计,不能完全替代主观评价,因此客观评价对主观评价的估计越准确,客观评价算法的性能也越好。通过对客观评价结果和主观评价结果进行线性、非线性回归分析或曲线拟合等方法,可以得到客观评价和主观评价之间的联系,常用函数映射表示。设主

观评价样本空间为 S ,其估计值——客观评价样本空间为 $\hat{S}$,客观评价算法的性能可用样本空间的相关度 ρ 和误差范围 σ 来表示,计算公式为:

$$\rho = \sqrt{\frac{\sum_{i=1}^{N}(\hat{s}_i - u_s)^2}{\sum_{i=1}^{N}(s_i - u_s)^2}}, \sigma = \sigma_s(1 - \rho^2)^2$$

其中, N 为样本数, s_i 为主观评价值, $\hat{s}_i$ 为客观评价算法估计的主观评价值, u_s 、 σ_s 为主观评价值的均值和标准偏差。

根据这个评价方法,基于信噪比评价方法中,频率变化的分段信噪比评价方法的性能突出,相关度超过 0.9 ,但信噪比类评价方法仅对波形编码算法有效;基于 LPC 分析评价方法中,倒谱距离(CD)算法优于同类其他评价算法,相关度在 0.9 左右;基于谱距离评价方法中,谱距离(SD)算法效果最佳,相关度约为 0.8 ;基于听觉模型的评价方法中,MSD、BSD、MBSD、PSQM 评价算法性能都较优秀,相关度超过 0.86 。

3.2　水印容量

水印容量也常称为数据嵌入量,指单位长度的音频中可以隐藏的秘密信息量,通常用比特率来表示,单位为 bit/s (bits per-second),即每秒音频中可以嵌入多少比特的水印信息。也可以用样本数为单位,如在每个固定采样样本长度中可嵌入水印比特的位数。对于数字音频来说在给定音频采样率的条件下两者是可以相互转换的。国际留声机联盟 IFPI 要求嵌入水印的数据信道至少要有 20 bit/s 的带宽[54]。从隐写术的角度来说,隐写术需要隐藏成千上万字节的信息;对于水印系统来说,版权保护通常认为只需要几十或者几百比特的水印信息即可。

3.3　鲁棒性

在对音频水印算法的鲁棒性进行评价时,通常采用误码率和归一化系数来衡量。

3.3.1　误码率

在实际水印算法鲁棒性评价应用中,常用水印的误码率(Bit Error Rate,BER)来衡量水印抵抗攻击能力,即在各种攻击后提取得到的水印与原始水印之间不同比特数所占的百分比。BER 的定义如下:

$$BER = \frac{错误的比特数}{总比特数} \times 100\%$$

如果含水印音频未经过任何音频信号处理的攻击,提取出来的水印图像和原始图像的误码率为 0;当含水印信息的隐写载体在传输过程中经过一些信号处理,提取的水印图像和原始水印图像之间的误码率会增加。当含水印信息的音频经过某种信号处理后提取的水印图像和原始水印图像之间的误码率越低,表示该算法抵抗该种音频信号处理能力的鲁棒性越强。

3.3.2 归一化系数

如果在音频信号中嵌入的水印信息为二值图像,可采用归一化相关系数(normalized coefficient, NC)来判断提取水印图像和和原始水印图像的相似性作为评价标准,其定义为:

$$NC(W, W') = \frac{\sum\limits_{i=1}^{M_1} \sum\limits_{j=1}^{M_2} W(i,j) W'(i,j)}{\sqrt{\sum\limits_{i=1}^{M_1} \sum\limits_{j=1}^{M_2} W(i,j)^2} \sqrt{\sum\limits_{i=1}^{M_1} \sum\limits_{j=1}^{M_2} W'(i,j)^2}}$$

其中:W 为原始水印,W' 为提取的水印,它们的大小为 $M_1 M_2$。

如果含水印音频未经过任何音频信号处理的攻击,提取出来的水印图像和原始图像的归一化系数一般都为 1.0;当含水印信息的隐写载体在传输过程中经过一些信号处理后,提取的水印图像和原始水印图像之间的归一化的系数会下降。当含水印信息的音频经过某种信号处理后提取的水印图像和原始水印图像之间的归一化系数越大,表明该算法抵抗该种音频信号处理能力的鲁棒性越强。

3.4 本章结语

信息隐藏算法的透明性度量有助于算法性能评估,有助于算法设计,同时有助于信息隐藏容量的理论研究。只有透明度有了定量度量算法,将大大降低算法设计环节中透明性测量的烦琐程度,例如组织大量听众试听算法隐藏效果,也将提高算法透明性的可信度,因为不同听众的感知能力是不一样的,为了达到很高的置信度,必须有足够大的样本空间(各种类型的听众),采用客观度量可以降低这个环节的耗费的时间和精力。

同时,有了客观度量指标,用户更容易选择算法,也更容易向算法设计人员提出明确的指标,监测算法性能时也有据可依。

最后,信息隐藏容量的理论研究对信息隐藏至关重要,其中,透明性是算法容量的一个重要约束。如果无法将这个约束条件量化,或者量化失真大,将严重影响隐藏容量的研究。

参考文献

[1] 陈国,胡修林,张蕴玉,等.语音质量客观评价方法研究进展[J].电子学报,2001,29(4):548-552.

[2] Kitawaki N, Nagabuchi H, Itoh K. Objective quality evaluation for low-bit-rate speech coding systems[J]. Selected Areas in Communications, IEEE Journal, 1988, 6(2):242-248.

[3] Wang S, Sekey A, Gersho A. An objective measure for predicting subjective quality of speech coders[J]. Selected Areas in Communications, IEEE Journal, 1992, 10(5):819-829.

[4] Kitawaki N, Itoh K, Honda M, Kakehi K. Comparison of objective speech quality measures for voiceband CODECs[A]. Acoustics, Speech, and Signal Processing, IEEE International Conference on ICASSP'82[C]. 1982(7):1000-1003.

[5] Lam K H, Au O C, Chan C C,et al. Objective speech quality measure for cellular phone[A]. Acoustics, Speech, and Signal Processing, 1996, ICASSP-96. 1996 IEEE International Conference, 1996, 1(1):487-490.

[6] Lam E H, Au O C, Chan C C,et al. Objective speech measure for Chinese in wireless environment. Acoustics, Speech, and Signal Processing, 1995, ICASSP-95. 1995, 1(1):277-280.

第4章　回声隐藏研究

4.1　引　言

回声隐藏是一种基于语音的信息隐藏技术。人类听觉系统(HAS)十分敏锐,能听到比周围环境低 80 dB 的噪声,然而听觉系统也有"空穴"。人类听觉系统具有屏蔽特性,即,相距很短的语音(几十 ms 以内),幅度较弱者会被较强者遮蔽。回声隐藏利用了这个特性,其原理是:在原始音频中加入不同延迟的回声,从而将密文嵌入在原始音频中。在接收端,使用延迟检测算法提取密文。

回声隐藏在音频信息隐藏中占有重要地位。回声隐藏算法隐藏过程简单,透明度高,盲提取。并且由于尺度变换(拉伸和压缩)同时作用在载体和回声,所以回声和原音的相对位置没有发生变化,亦即提取秘密信息不受干扰。然而,回声隐藏容量一般不高。

回声隐藏有很多优点:隐藏算法简单;算法不产生噪声,隐藏效果好;对同步的要求不高,算法本身甚至可以做粗同步的工具。但它同时也存在缺陷:当回声幅度较小时,回声在变换域的尖峰容易被淹没。矛盾的是,如果增大回声幅度,则隐藏效果又会降低。

本章首先简介回声隐藏原理,介绍了提取算法的关键—复倒谱算法的求解方法,分析离散复倒谱的误差。然后总结了现有算法分支,实现典型算法,提出两种新算法,一种适用于双工情况下音频信息隐藏,一种适用于大容量场合。最后,比较了同等回声叠加强度、同等容量下,不同算法的性能,包括恢复率,透明度。

4.1.1　隐藏原理

在阐述算法原理之前,首先介绍倒谱、复倒谱的概念及其有关性质。

一个信号 $x(n)$,对其进行下列变换:

$$X(\mathrm{j}\omega) = F[x(n)] = \sum_{n=-\infty}^{+\infty} x(n)\exp(-\mathrm{j}\omega n) \tag{4-1}$$

$$X(j\omega) = \ln[X(j\omega)] = \ln[|X(j\omega)|\exp(jARG(X(j\omega)))]$$
$$= \ln[|X(j\omega)|] + jARG(X(j\omega)) \tag{4-2}$$

$$\hat{x}(n) = F^{-1}(\hat{X}(j\omega)) \tag{4-3}$$

所得信号 $\hat{x}(n)$ 是原信号的复倒谱信号。上式(2)中,若求取信号幅度的自然对数而不是求取复信号的自然对数,那么所得信号 $c_x(n)$ 是原信号的倒谱信号,即

$$C(j\omega) = \ln[|X(n)|] \tag{4-4}$$

$$c_x(n) = F^{-1}(C(j\omega)) \tag{4-5}$$

复倒谱信号拥有解卷性质,即

$$x(n) = x_1(n) * x_2(n) \tag{4-6}$$

$$X(j\omega) = F(x_1(n) * x_2(n)) = F(x_1(n)) \cdot F(x_2(n)) = X_1(j\omega) \cdot X_2(j\omega) \tag{4-7}$$

$$\hat{X}(j\omega) = \ln[X(j\omega)] = \ln[X_1(j\omega)] + \ln[X_2(j\omega)] = \hat{X}_1(j\omega) + \hat{X}_2(j\omega) \tag{4-8}$$

$$\hat{x}(n) = F^{-1}(\hat{X}(j\omega)) = F^{-1}(\hat{X}_1(j\omega)) + F^{-1}(\hat{X}_2(j\omega)) = \hat{x}_1(n) + \hat{x}_2(n) \tag{4-9}$$

同理可推得:

$$c_x(n) = c_{x_1}(n) + c_{x_2}(n) \tag{4-10}$$

即倒谱信号也拥有解卷性质,这样在时域的卷积运算,在倒谱域和复倒谱域变换为加法运算。图 4-1 给出了一个回声隐藏系统的冲击响应函数: $h_0(n) = \delta(n) + \alpha\delta(n - N_0)$,图 4-2 给出了该系统的倒谱信号。通过计算可知,该系统的复倒谱信号具有和倒谱信号相同的特征:仅在整数倍回声偏置位置上有非零值。

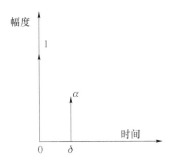

图 4-1 "0"回声系统冲击函数

回声隐藏通过在宿主音频中引入回声来嵌入数据。数据依靠改变回声的参数—初始衰减和回声偏置来隐藏。回声偏置是回声位置与原声的距离,初始衰减 α 是回声信号的衰减系数,如图 4-1 所示。本文介绍改变回声偏置隐藏信息的算法。

随着回声距原声偏置的衰减,原声和回声混合在一起。当延迟小于某一阈值时,人耳无法分辨两者。阈值的确定依赖于原信号质量、回声类型、个人听觉能力,一般而言,当延迟小于 1 ms 时,对于绝大多数的音频信号,绝大多数的测试者都不

能将其区分。当混合音频到达接收端时,通过特定的算法检测回声偏置,获得隐藏的信息。

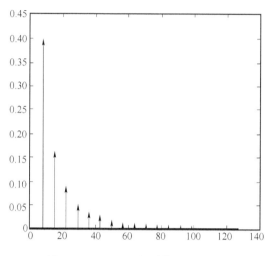

图 4-2　$h_0(n)$ 的倒谱信号 $c_{h_0}(n)$

使用图 4-1 所示系统引入回声,文献[1]提出了利用复倒谱检测回声位置的方法。当音频信号 $x(n)$ 通过系统 $h_0(n)$ 时,该方法利用复倒谱的解卷性质(见式(9)),计算出接收信号的复倒谱信号 $\hat{y}(n) = \hat{x}(n) + \hat{h}_0(n)$,并且由图 4-1、图 4-2 可知,$\hat{h}_0(n)$ 仅在整数倍回声位置处有非零值,因而可检测回声偏置。遗憾的是,为了获取复倒谱,必须计算复对数。由式(2)可知,这就要求计算一个复数的角度($\mathrm{ARG}(X(j\omega))$),但使用反三角函数只能求取角度的主值,为了解决这个问题,必须引入复杂的算法。

4.1.2　隐藏算法

为了表示二进制信息,仅需引入两个不同的延迟,为了增加隐藏的信息数,可以将原声分为多个数据段,如图 4-3 所示,数据 10110010 欲隐藏在一段音频信号 $x(n)$ 中(见图 4-3),$x(n)$ 经过系统 $h_0(n) = \delta(n) + \alpha\delta(n - N_0)$,$h_1(n) = \delta(n) + \alpha\delta(n - N_1)$ 分别得到原声与延迟为 N_0,N_1 的回声的叠加信号,这两个信号与 0,1 混合信号混合,最后得到输出信号。

4.1.3　提取算法

通过比较接收信号倒谱域两个特定位置信号幅度的强弱恢复出保密信息,具体步骤如下(接收方已知 N_0,N_1,FRAG):

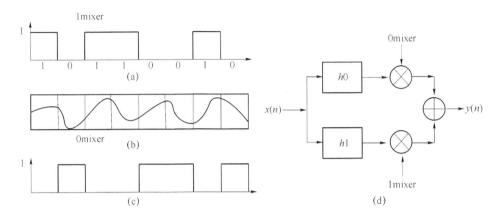

图 4-3　隐藏原理

（1）将接收信号 $y(n),n=0,1,2,\cdots,N$ 信号分段，第 i 段信号为：

$$y_i(m)=y(n)\omega(m),m=0,1,2,\cdots,\mathrm{FRAG},$$

$$n=(i-1)*\mathrm{FRAG}\cdots(i*\mathrm{FRAG}-1)$$

（2）求取 $y_i(n)$ 的倒谱信号 $c(n)$

$$c(n)=\mathrm{IDFT}[\ln(|\mathrm{DFT}[y_i(n)]|)],n=0,1,2,\cdots,\mathrm{FRAG}$$

其中 IDFT 和 DFT 是信号的离散傅里叶逆变换和变换，可使用快速离散傅里叶变换（Fast Fourier Transformation，FFT）算法实现。

（3）比较 $c(N_1)$ 和 $c(N_0)$ 的大小，判决出隐藏的信息。

（4）若接收信号处理完毕，返回恢复出的所有信息，算法结束；否则，跳转至步骤（1）。

4.2　复倒谱

回声隐藏的关键之一是检测算法。从理论分析可知，利用复倒谱可以检测回声延迟位置。上述分析是在理想情况下进行的，实际计算中，必须解决短时复倒谱、相位模糊和离散复倒谱引入的误差。下面逐一解决这些问题。

4.2.1　短时复倒谱分析

回声隐藏算法理论分析中，简化了短时复倒谱的分析，强调了复倒谱的解卷积性质。实际过程中，载体信息分为若干片段，每段引入不同延迟的回声，提取秘密信息时，总是对有限长度的隐藏载体片段做复倒谱分析。加窗后对回声延迟的检测是否有影响，在此进行分析。

加窗后的信号是：

$$s[n] = \omega[n](p[n] * h[n])$$

加窗序列的复倒谱的精确定义：

$$\hat{s}[n] = \hat{p}[n] + D[n] \sum_{k=-\infty}^{+\infty} \hat{h}[n-kP]$$

其中 P 是有限脉冲序列 $p[n]$ 的脉冲间隔，分析证明，满足条件的分析窗和倒滤波器 $l[n]$ 作用下，对类语音周期信号的解卷积过程中：

$$\hat{s}[n] \approx \hat{p}[n] + \hat{h}[n]$$

其中，$\hat{p}[n]$ 是 $\omega[n]p[n]$ 的复倒谱。

图 4-4 给出了在采样率为 44 100 Hz、分段长度为 256 个采样点、延迟为 6 和 7 个采样点情况下，音频信号加了不同窗时的信息恢复率，图 4-4 中，纵轴为信息恢复率，横轴为添加回声的回声初始幅度衰减系数。

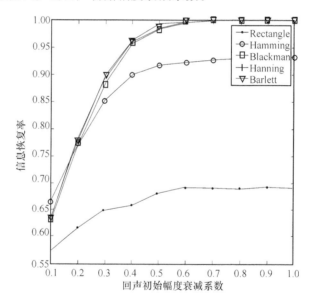

图 4-4　窗函数对信息恢复率的影响

结果显示，窗函数对数据恢复率有显著影响：使用 Rectangle 窗（以黑点标识节点的曲线）数据恢复率恒在 70% 以下；而使用 Barlet 窗（以竖线标识节点的曲线）或 Hanning 窗（以倒三角标识节点的曲线）时，当回声幅度仅为原声幅度的 0.4 时，数据恢复率就已经达到 95%，当回声幅度增加到原声幅度的 0.6 时，数据恢复率已经达到 100%。

窗函数对复倒谱分析的影响显著，不仅仅因窗函数对复倒谱解卷积有影响，而且因为窗函数影响短时傅里叶变换。不同类型的窗对傅里叶变换功率损失的影响不同,从而显著影响了信息恢复率。

如原理中描述,相位卷绕问题影响复倒谱的实际计算。定义复对数为:

$$\log X = \log|X| + \angle X$$

即一个复数的对数是其幅值的对数与其相位的主值之和,复数的相位主值不连续,使得复对数不可解析。解决这个问题的方法称之为解卷绕算法,下面分析几种解卷绕算法。

4.2.2　微分法

这个方法利用了傅里叶变换的微分特性:

$$j \frac{d}{d\omega} X(e^{j\omega}) = \sum_{n=-\infty}^{+\infty} n x(n) e^{-j\omega n}$$

可以证明,复倒谱 $\hat{x}(n)$ 和对数谱 $\hat{X}(e^{j\omega})$ 之间也存在这样的关系,即

$$j \frac{d}{d\omega} \hat{X}(e^{j\omega}) = \sum_{n=-\infty}^{+\infty} n \hat{x}(n) e^{-j\omega n}$$

根据定义可以得到:

$$j \frac{d}{d\omega} \hat{X}(e^{j\omega}) = j \frac{d}{d\omega} \big[\log(X(e^{j\omega}))\big] = \frac{j \frac{d}{d\omega} X(e^{j\omega})}{X(e^{j\omega})} = \sum_{n=-\infty}^{+\infty} n \hat{x}(n) e^{-j\omega n}$$

因此可以得到计算复倒谱的算法流程如图 4-5 所示:

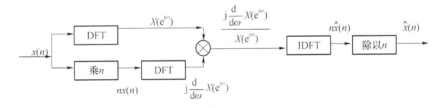

图 4-5　微分复倒谱计算法流程图

微分法有效地回避了求复对数的问题,但是引入了混叠。因为 $nx(n)$ 的频谱分量中的高频分量比原始信号有所增加,而且最高频率可能也增加了,因此沿用原始采样率将引起混叠,$n\hat{x}(n)$ 不能正确恢复。

4.2.3　最小相位

可以证明,最小相位序列 $x(n)$ 的复倒谱 $\hat{x}(n)$ 是稳定的因果序列,因此,$\hat{x}(n)$ 可以分解为偶序列和奇序列之和,即可表示为:

$$\hat{x}(n) = \hat{x}_e(n) + \hat{x}_o(n)$$

且 $\hat{x}[n] = l[n]\hat{x}_e[n]$，其中

$$l[n] = \begin{cases} 1, & n = 0 \\ 2, & n > 0 \\ 0, & n < 0 \end{cases}$$

另一方面，偶序列和奇序列分别对应 $\hat{x}(n)$ 傅里叶变换的实部和虚部，可以得到：

$$x_e[n] = \mathrm{IDFT}\{\mathrm{Re}(\hat{X}(\mathrm{e}^{\mathrm{j}\omega}))\} = \mathrm{IDFT}\{\mathrm{Re}(\log X(\mathrm{e}^{\mathrm{j}\omega}))\} = \mathrm{IDFT}\{\log|X(\mathrm{e}^{\mathrm{j}\omega})|\}$$

因此，最小相位的复倒谱计算可用图 4-6 流程实现：

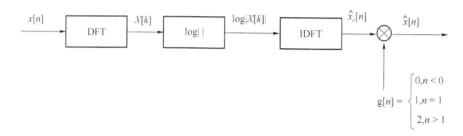

图 4-6　最小相位复倒谱计算法流程图

最小相位法运算简单，但限制输入序列必须是最小相位序列，一般语音序列可视为最小相位序列。

4.2.4　递归法

根据 Z 变换微分性质：$-z\dfrac{\mathrm{d}}{\mathrm{d}z}\hat{X}(z) = -z\dfrac{\mathrm{d}}{\mathrm{d}z}[\log X(z)] = -z\dfrac{\dfrac{\mathrm{d}}{\mathrm{d}z}X(z)}{X(z)}$ 变换可以得到：

$$-zX(z)\frac{\mathrm{d}}{\mathrm{d}z}\hat{X}(z) = -z\frac{\mathrm{d}}{\mathrm{d}z}X(z)$$

则逆变换为：

$$[n\hat{x}[n]] * x[n] = nx[n]$$

展开为：

$$\sum_{k=-\infty}^{+\infty}(k\hat{x}[k])x[n-k] = nx[n]$$

当 $x[n]$ 是最小相位序列且 n 不为零时：

$$x[n] = \sum_{k=-\infty}^{+\infty}\frac{k}{n}\hat{x}[k]x[n-k] = \sum_{k=0}^{n}\frac{k}{n}\hat{x}[k]x[n-k]$$

$$= \sum_{k=0}^{n-1} \frac{k}{n} \hat{x}[k] x[n-k] + \hat{x}[n] x[0]$$

上式中,因为 $\hat{x}[n]$ 和 $x[n]$ 是因果序列,所以卷积和范围缩减到 $0 \sim n$。可进一步推导获得 $\hat{x}[n]$ 的递归公式:

$$\hat{x}[n] = \frac{x[n]}{x[0]} - \frac{\sum_{k=1}^{n-1} k \hat{x}[k] x[n-k]}{n x[0]}, n > 0$$

根据复倒谱定义可以计算:

$$\hat{x}[0] = \log x[0]$$

这个方法同样仅限于 $x[n]$ 是最小相位序列时使用。

4.2.5　模 2π 相位展开器

该算法为每个主值相位添加适当的整数倍 2π,以产生连续相位,相位函数用下述表达式定义:

$$\angle X(k) = PV[X(k)] + 2\pi r[K]$$

其中 $\angle X(k)$ 是 $X(k)$ 的相位,$PV[X(k)]$ 是 $X(k)$ 的主值相位,计算 $r[k]$ 的算法如下:

1. 令 $r[0] = 0$,如果 $PV[X(k)] - PV[X(k-1)] > 2\pi - \varepsilon$,检测到 2π 正跳变,则减去 2π,即 $r[k] = r[k-1] - 1$;

2. 如果 $PV[X(k)] - PV[X(k-1)] < -(2\pi - \varepsilon)$,检测到 2π 负跳变,则增加 2π,即 $r[k] = r[k-1] + 1$;

3. 若不在上述情况之内,则维持不变,即 $r[k] = r[k-1]$。

模 2π 相位展开器在频率间隔($2\pi/N$)足够小,使得展开的任意两个样点相位差小于门限 ε,都能正确地展开相位。然而,对于下述情况,模 2π 相位展开器难以正确展开:首先,接近单位圆的零极点可能引起正常相位的不连续,其次,即使没有零极点没有接近单位圆,但聚集在一起,也使得相位变化累积产生模糊。

4.2.6　离散复倒谱中的误差

分析时,采用离散时间序列傅里叶变换或 z 变换来确定多种离散时间序列的复倒谱,实际实现中,对有限长度的 N 点序列 $x[n]$ 进行离散傅里叶变换来计算复倒谱。实际计算公式如下:

$$X[k] = \sum_{n=0}^{N-1} x[n] e^{-j\frac{2\pi nk}{N}}$$

$$\hat{X}[k] = \log X[k] = \log |X[k]| + j\angle X[k]$$

$$\hat{x}_N[n] = \frac{1}{N} \sum_{k=0}^{N-1} \hat{X}[k] e^{j\frac{2\pi nk}{N}}$$

其中，$\hat{x}_N$ 不是真正的 $\hat{x}[n]$，而是 $\hat{x}[n]$ 的混叠形式，即 $\hat{x}_N[n] = (\sum_{r=-\infty}^{+\infty} \hat{x}[n-rN])W_N[n]$，$\hat{x}_N$ 是混叠后的 $\hat{x}[n]$ 经窗函数截断的序列。若 $\hat{x}[n]$ 在 $[n_l, n_r]$ 之外取值为零，则不发生混叠的条件是：N 应大于 $|n_l| + |n_r|$。语音分析中，512 点或 1 024 点 DFT 足够了。

计算中引入的另一类误差是相位卷绕，可利用前述解卷绕算法解决。

窗函数引入的误差。复倒谱计算中误差限制了回声隐藏的容量，当隐藏的分段过小时，误码率会显著增加。

4.3　回声隐藏经典算法

回声隐藏算法有诸多优点，然而同其他音频信息隐藏算法一样，需要解决透明性、容量和鲁棒性的矛盾。众多学者的努力下，这一问题有了多个分支的解决方案。一种分支是改进回声隐藏的核，通过不同延迟不同衰减的回声的组合达到最优效果。一种思路是根据载体信息特征，自适应的调整衰减系数。还有一种思路是引入合成分析的思想，提高特定应用环境下的算法的鲁棒性。下面逐一介绍这些里程碑式的优秀算法。

4.3.1　多回声算法

Oh H O 等[4]研究发现，通过不同延迟和不同衰减的回声的组合，可以在同样恢复率的情况下，改善听觉效果。正是基于这一发现，他们提出了多回声算法。算法核由原来的简单形式：

$$h[n] = \delta[n] + \alpha\delta[n-d]$$

变为

$$h[n] = \delta[n] + \sum_{i=1}^{n} \alpha_i \delta[n-d_i]$$

其中 α_i 可能是正数也可能是负数，延迟的个数 n、延迟的位置以及衰减的大小通过多目标最优化方法计算。优化的约束条件是倒谱幅值和核的频谱形状。之所以将核的频谱形状做为约束条件，是因为 Oh H O 等认为核的频谱形状和主观听觉效果有关联。在一定区域内,曲线越平坦,听觉效果越好。

4.3.2　前后向算法

在回声算法研究基础之上,Hyoung J K 等[1]研究简单回声核和双回声核,简单回声核难以解决听觉效果和误码率之间的矛盾,双回声核在一定程度上可以获得较好的听觉效果,同时保持较高的恢复率。双回声核的构造是:$h[n] = \delta[n] + \alpha_1\delta[n-d_1] + \alpha_2\delta[n-d_2]$。使用双回声核,可调控的参数变为了四个,两个衰减系数,两个延迟。通常,两个延迟之间的距离小于 5 个样点,这样短的延迟,不仅有利于改善听觉效果,并且有利于提高恢复率。

抛开回声数目,上述两类典型核都有一个特征,回声是总是延迟于原声,从物理上较容易解释这一点,称之为后向回声。从数学意义上,可以引入前向回声。可以从理论上分析,前后相回声核的性能更佳。

首先分析基础核的复倒谱。基础核的时域表达式为:

$$h[n] = \delta[n] + \alpha\delta[n-d]$$

根据复倒谱定义:

$$H(e^{j\omega}) = 1 + \alpha e^{-j\omega d}$$

$$\ln H(e^{j\omega}) = \ln(1 + \alpha e^{-j\omega d}) = \alpha e^{-j\omega d} - \frac{(\alpha e^{-j\omega d})^2}{2} + \frac{(\alpha e^{-j\omega d})^3}{3} - \cdots$$

上式中利用级数:$\ln(1+x) = x - \frac{x^2}{2} + \frac{x^3}{3} - \cdots$,等式成立的条件是 $|x| < 1$。通常衰减系数小于 1,因此 $|\alpha e^{-j\omega d}| = |\alpha| < 1$,所以对数谱可以利用级数展开,对对数谱进行傅里叶逆变换可以得到:

$$\hat{h}[n] = \alpha\delta[n-d] - \frac{\alpha^2}{2}\delta[n-2d] + \frac{\alpha^3}{3}\delta[n-3d] - \cdots$$

在首个延迟位置的幅值为 α。

对基础核引入前向回声可以得到前后向回声核,其时域表达式如下:

$$h[n] = \delta[n] + \alpha\delta[n-d] + \alpha\delta[n+d]$$

分析其复倒谱,同样利用上述级数:

$$\ln H(e^{j\omega d}) = \ln(1 + 2\alpha\cos\omega d) = 2\alpha\cos\omega d - \frac{(2\alpha\cos\omega d)^2}{2} + \frac{(2\alpha\cos\omega d)^3}{3} - \cdots$$

上式中,$|2\alpha\cos\omega d| = |2\alpha| < 1$,利用三角函数展开,做傅里叶逆变换可以得到:

$$\hat{h}[n] = \alpha\{\delta[n-d] + \delta[n+d]\} - \frac{\alpha^2}{2}\{\delta[n-2d] + 2\delta[n] + \delta[n+2d]\} +$$

$$\frac{\alpha^3}{3}\{\delta[n-3d] + 3\delta[n-d] + 3\delta[n+d] + \delta[n+3d]\} - \cdots$$

首个延迟位置的幅值为：$\alpha + \alpha^3 + \alpha^5 + \cdots = \dfrac{\alpha}{1-\alpha^2}$。可以证明，前向和后向延迟不相同时，得到的首个延迟位置的幅值都小于前向和后向延迟相同时的幅值。

进一步研究 $h[n] = \delta[n] + \alpha\delta[n-d] + \alpha\delta[n-2d]$，其复倒谱为：

$$\hat{h}[n] = \alpha\{\delta[n-d] + \delta[n-2d]\} -$$

$$\frac{\alpha^2}{2}\{\delta[n-2d] + 2\delta[n-3d] + \delta[n-4d]\} +$$

$$\frac{\alpha^3}{3}\{\delta[n-3d] + 3\delta[n-4d] + 3\delta[n-5d] + \delta[n-6d]\} - \cdots$$

首个延迟位置处幅值为 α 于基础核的首个延迟位置的幅值相同。可知前向和后向双核不能增加首个延迟位置处的幅值。前向和后向核为最佳配置。

4.3.3 PN 算法

PN 算法也是基于多回声研究成果的，与前述算法不同的是，PN 算法的改进目标是回声隐藏的安全性。一旦回声隐藏的参数被攻击者分析获取，那么秘密信息就暴露无遗，对于水印应用来说，这是十分危险的。为了解决这个问题，研究者们提出了一种称之为时域扩展的方法。其核心思想是利用 PN 扩展回声，经扩展后，回声核频谱被展宽，接近白噪。回声核扩展原理如图 4-7 所示：

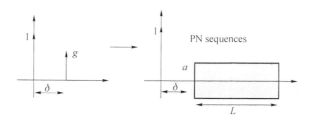

图 4-7　回声 PN 算法示意图

图 4-7 左为原始回声核，使用 PN 序列扩展回声核的冲击响应，PN 同时也做为密钥。扩展后的回声核，根据 Gardner W G 专著 *The Virtual Acoustic Room*，其冲击响应和市内反射的效果相近。推荐的核可表达为：$p[n] = a\mathrm{PN}[n]$，$\mathrm{PN}[n]$ 是原始 PN 序列，其幅度是 ±1，L 是 PN 序列长度，$g = aL$。如果 L 足够长，a 远远小于 g。

解隐藏时，同普通回声隐藏算法一样，首先获取携密语音倒谱，然后计算 PN 序列和倒谱序列的互相关值，根据互相关的峰值定位延迟位置。

研究者指出，使用此算法，PN 序列越长扩频增益越小，携密语音的透明度和鲁棒性越好。

该算法改进了回声隐藏的保密性,但大大地降低了回声隐藏的容量。因为根据研究者的实验结果,PN 序列的长度大于 511 时,才能获得较为良好的效果。这就意味着,分段长度大于 512,这样情况下,回声隐藏的容量较低。

4.3.4　自适应算法

FOO S W[5] 提出了自适应算法的思想。他研究了单一回声和多回声算法性能,认为不区分载体特质,无论有声无声(静音)都采用同样的衰减系数的方法影响了回声隐藏算法的透明性。针对这个问题,他提出了自适应改造算法。

隐藏算法包含筛选载体段、自适应调整衰减、隐藏步骤,相应的,解隐藏算法首先筛选语音段,而后计算倒谱自相关值,最后判别延迟,提取 0,1 延迟。

筛选语音段有两种方法,一是语音段的能量,一是传送位置信息。静音段信号能量较弱,相对地掩蔽回声的能力也较弱,回声较易被感知。因此,可以先计算语音段的能量 $\left(\sqrt{\dfrac{1}{N} \sum\limits_{i=0}^{N-1} S_i^2} \right)$,仅选择那些能量大于阈值的语音片段进行隐藏。也可以将隐藏有信息的信号片段的位置通过其他方传送到接收段。后者属于半盲检测。

筛选信号片段后,根据信号片段的特质自适应地调整衰减系数。有三种方法,分别是基于信号法、声音心理学法和听觉滤波法。基于信号法算法简单,即调整衰减强度,直到绝大部分回声的幅度都低于原声。声音心理学法利用了 HAS 的听觉特性,选用 MPEG2 的听觉模型,调整衰减系数,直到回声的频谱能量低于掩蔽门限。听觉滤波法是基于 LPC 的方法,计算的是经过听觉加权滤波的信号分量。滤波器系统函数为:

$$W_c(z) = \frac{C(z)}{C\left(\dfrac{z}{a}\right)}$$

其中 $a = 0.95$, $C(z) = 1 - \sum\limits_{i=1}^{P} c_i z^{-i}$, c_i 是 AR 模型最优估计。

解隐藏是首先筛选信号片段,仅从大于阈值的信号片段中提取秘密信息,如果使用了半盲检测法,则直接根据位置信息选取片段即可。对于单一回声隐藏,比较两个位置的倒谱自相关值即可获取秘密信息,对于多回声隐藏,需要比较多个位置的倒谱自相关值,根据统计原则提取秘密信息。

通过实验,他发现自适应算法的透明性优于普通算法,对于音乐,使用声音心理学模型计算掩蔽门限,其透明性优于使用其他两种方法。对于语音,使用听觉加权滤波计算门限,算法的透明性优于其他两种方法效果。

4.3.5 ABS 算法

Wu Wen-Chih[2]提出了基于合成分析的回声隐藏算法。为了解决透明性了鲁棒性的矛盾,他引入了合成分析的思想,隐藏信息之后,根据解隐藏的情况,调整衰减系数。Wu Wen-Chih 同时指出,MP3 是网络通行的压缩算法,如果一个算法不能抵抗 MP3 压缩,那么这个算法是不实用的。因此,合成分析的应用中同时考虑 MP3 攻击。

算法核心流程为:

1. 使用回声隐藏算法在一个分段中嵌入 1 bit。

2. 使用解隐藏算法提取这个分段中的秘密信息,如果信息提取失败,调整衰减系数,返回步骤 1;如果信息提取成功,结合步骤 3 的结果共同判断。

3. 使用 MP3 压缩解压缩信号片段(MP3 攻击),而后使用解隐藏算法提取这个分段中的秘密信息,如果信息提取失败,调整衰减系数,返回步骤 1;如果信息提取成功,并且步骤 2 也成功,那么处理下一个片段。

4.3.6 评 价

多回声、前后向、PN 算法都是沿着改进回声核的思路进行的,多回声算法参数较多,达到了恢复率近似的情况下,改进透明度。从理论上推导,前后向算法的在首个回声延迟位置处的峰值高于其他算法。PN 算法的改进目标是回声隐藏的安全性,其代价是增加了容量限制。

自适应算法的核心思想是动态地自适应地调整回声衰减,该算法以 MPEG2 听觉模型计算掩蔽门限,调整衰减系数时效果较好。此时算法的复杂度很高。自适应算法需要解决的一个关键问题是同步。采用自适应算法,不是每个载体片段都隐藏秘密信息,当掩蔽载体遭受攻击后,对隐蔽载体片段是否含密的很可能误判,从而引起连续错误。

上面几种思路可以称之为通用算法,ABS 引入合成分析思想,在隐藏端不断调整衰减系数,直至当前隐蔽载体经特定衰减后仍能够正确提取秘密信息。这个算法在特定应用的环境下,透明性和鲁棒性都很好。是算法复杂度很高的专用算法。

作者实现了多回声、前后向和 PN 算,在性能分析一节对这些算法进行进一步分析。

4.4 多位置隐藏

回声隐藏的经典算法在两类核之间进行判决,每个分段只能隐藏 1 bit 信息。

可以在多个延迟位置隐藏秘密信息,这样每段可以隐藏的秘密信息就比单位置要多,使用同种类型结构的核,不做修改,容量就可翻倍。已知可用的回声延迟的集合为 S,每个分段需要隐藏 n 比特信息,则需要 2 的 n 次幂个延迟位置,从 S 中选出适当组合做为算法延迟位置,构成新的核。以每个分段隐藏 2 bit 为例描述多位置算法流程。

算法隐藏步骤为:

(1) 获取保密信息 $I(m) = i, i = \{0, 1\}, m = 0, 1, 2, \cdots, M$,宿主信号 $x(n)$,$n = 0, 1, 2, \cdots, N$ 和延迟信号 d_i ($d_i(n) = \begin{cases} 0, n < N_i \\ x(n - N_i), N \geqslant n \geqslant N_i \end{cases}$,$i = 0, 1, 2, 3$)。

(2) 将宿主信号分段混入回声信号。

$$x'(n) = x(n) + \alpha * d_j(n), n = (i - 1) * FRAG \cdots (i * FRAG - 1),$$
$$j = I(i)I(i + 1)$$

例如,若 $I(i) = 0, I(i + 1) = 1$,有

$$x'(n) = x(n) + \alpha * d_1(n), n = (i - 1) * FRAG \cdots (i * FRAG - 1)$$

信息提取步骤为:

(1) 将接收到的信号 $y(n)$ 分段为 $y_i(n)$

(2) 计算 $y_i(n)$ 倒谱信号 $c(n)$

(3) 找出 $c(N_i), i = 0, 1, 2, 3$ 中幅度最大者,判决出隐藏信息,即若 $c(N_3)$ 幅度最大,则回声延迟为 N_3,根据隐藏算法,此分段对应的保密信息为:$I(i) = 1$,$I(i + 1) = 1$。

使用多位置隐藏算法,隐藏容量是普通算法 2 倍以上,算法复杂度基本没有变化,算法的透明性和鲁棒性在性能分析一节进行讨论。

4.5　性能分析

作者对上述算法从鲁棒性、透明性、容量和算法复杂度四个方面进行了分析。鲁棒性研究主要检测算法抵抗 A/D、D/A、噪声、低通滤波、压缩编码等攻击的抵抗能力,采用恢复率描述。

恢复率 = 正确恢复的秘密信息的总比特数 / 隐藏的秘密信息的总比特数

透明性以分段信噪比、分段自相关系数和主观听觉为指标进行研究。

选择四段语音作为测试样本,男声两段,女声两段。衰减系数按各算法实际叠加的衰减总量计算,例如前后向算法中,前向和后向的衰减都为 α,则实际回声衰减为 2α。比较同样衰减情况下各算法的鲁棒性和透明性。PN 算法引入的回声的实际衰减难以估计,测试时,每个回声的衰减从 0.01 以 0.01 步长增加到 0.1,

若 PN 长度为 127,则每个样点最多叠加 127 个回声。

选择了四种算法,simple 代表最简单的回声隐藏算法,fwd 代表前后向算法,mpos 代表多位置隐藏算法,pn 代表 pn 码算法。载体语音采样率为 8 000 Hz,量化精度为 16 bit 有符号。语音片段选择 256 个样点。

算法恢复率是算法显示了以四段语音为载体,在各种条件下恢复率的平均值。四段语音 s1 到 s4 依次为:男声(带背景音)、女声(语速快)、女声朗诵(语速快、有大量静音)、男声朗诵(语速慢、有大量静音)。图 4-8 详细介绍了试验结果。

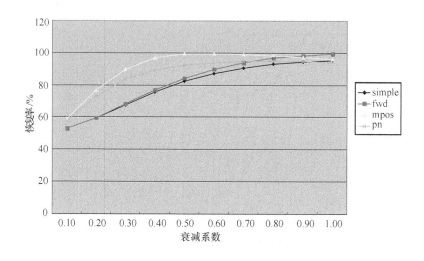

图 4-8　直接解隐藏算法恢复率

4.5.1　秘密信息恢复率分析

图 4-8 显示了隐藏之后,没有接受任何攻击后的直接解隐藏的恢复率。从图 4-8 中可以看出,前后向算法随着回声衰减系数的增大,恢复率上升得最快。当衰减系数增加到一定程度时,PN 算法的恢复率趋于稳定。多位置算法的恢复率依赖于所选的回声核,这里选用前后向核,组合适当时,恢复率很高。

4.5.2　噪声攻击后恢复率分析

图 4-9 显示了密文叠加了 30 dB 白噪后的恢复率。可以看出,前后向算法和多位置算法具有较强的抗噪声性能,恢复率超过 80%。当今线路的噪声都不低于 30 dB,所以前后向算法和多位置算法的实用性较强。

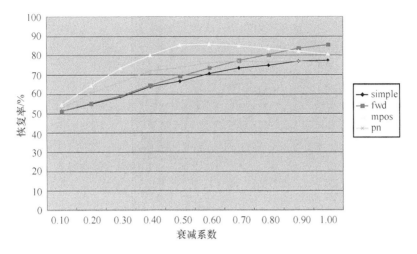

图 4-9　30 dB 白噪攻击后的恢复率

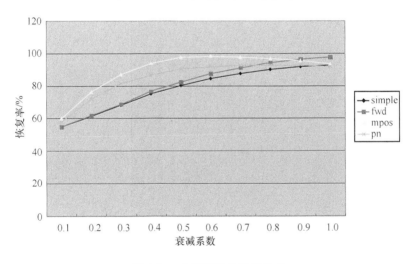

图 4-10　A 律压缩后的恢复率

4.5.3　A 律压缩后恢复率分析

A 律攻击的步骤包含，携密语音首先经过 A 律压缩，而后进行精度转换（16 bit 到 8 bit），最后进行 A 律解压缩。

恢复率显示，当衰减系数超过 0.5 时，几类算法都可以抵抗 A 律攻击。

4.5.4　mu 律压缩后恢复率分析

mu 律攻击的步骤包含，携密语音首先经过 mu 律压缩，而后进行精度转换

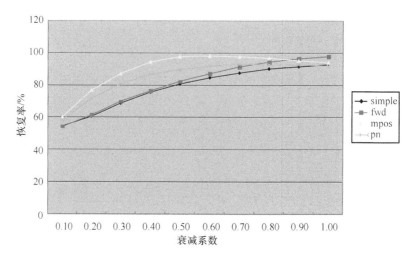

图 4-11　*mu* 律压缩后的恢复率

（16 bit 到 8 bit），最后进行 *mu* 律解压缩。

恢复率显示，几类算法对 *mu* 律攻击的抵抗能力和对 *A* 律压缩的抵抗能力近似，当衰减系数超过 0.5 时，都能抵抗 *mu* 律压缩。

4.5.5　重采样后恢复率分析

重采样的步骤为，隐蔽载体的采样率由 8 000 Hz 插值到 32 000 Hz，而后降采样到 8 000 Hz。图 4-12 显示了隐蔽载体经重采样后的恢复率，可以看出，重采样对恢复率的影响不大，算法能够抵抗重采样攻击。

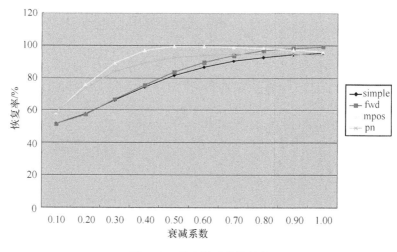

图 4-12　重采样后的恢复率

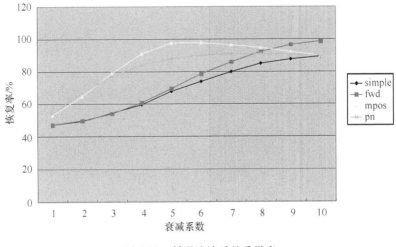

图 4-13　低通滤波后的采样率

4.5.6　低通滤波后的恢复率分析

低通滤波器的参数为:通带 2 400 Hz,阻带 3 000 Hz,通带波动小于 1 dB,阻带衰减为 40 dB。低通滤波引入的延迟已经被排除。恢复率显示,对于全频带隐藏,低通滤波对复倒谱峰值检测有影响,但回声衰减足够强时,算法能够提取秘密信息。

4.5.7　分段信噪比分析

采用分段自相关和分段信噪比度量算法透明性。图 4-14 透明性也是取四段载体隐藏后的透明性的均值。

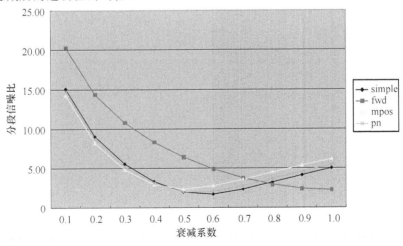

图 4-14　分段信噪比

四类算法中,只有前后向算法的分段信噪比曲线是衰减系数的不增函数,这与主观听觉效果不符,说明使用分段信噪比做透明性指标估计时,曲线拟合的阶数应大于 1 阶。

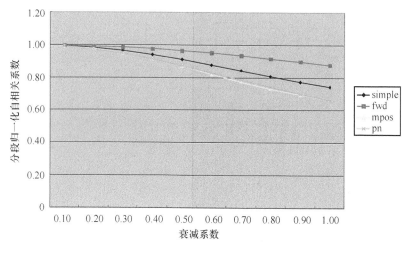

图 4-15　分段自相关

4.5.8　分段自相关分析

对于四类算法,分段自相关曲线都是衰减系数的不增函数,变化趋势与主观听觉效果吻合。分段自相关系数越小,主观听觉效果越差。四类算法中,前后向算法的分段自相关系数明显高于其他算法,这与主观听觉效果是一致的。

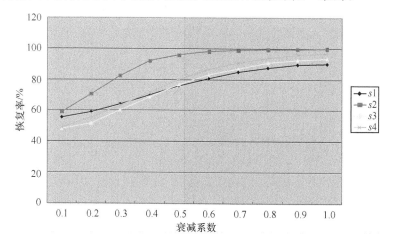

图 4-16　简单算法使用四段语音为载体时的恢复率

4.5.9　载体分析

图 4-16 显示了使用不同载体时,简单算法的恢复率。可以看出,使用停顿较少的载体语音($s2$)隐藏秘密信息时,算法的恢复率明显优于使用其他语音段作为载体的恢复率。

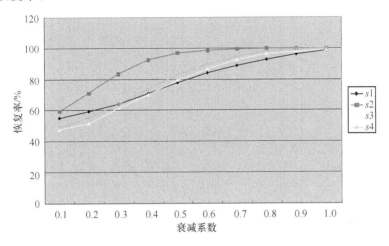

图 4-17　前后向算法使用四段语音为载体时的恢复率

前后向算法使用四类语音作载体时,静音段较少的语音 $s2$ 的恢复率最高。衰减系数为 0.5 时,恢复率就接近 100%。

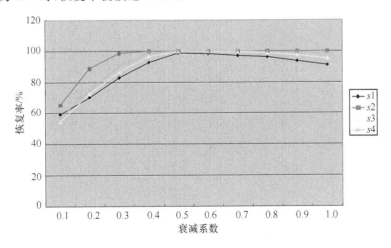

图 4-18　多位置算法使用四段语音为载体时的恢复率

对于多位置算法,四类载体对恢复率的影响区别不大,衰减系数大于 0.5 时,几类载体的恢复率都接近 100%。

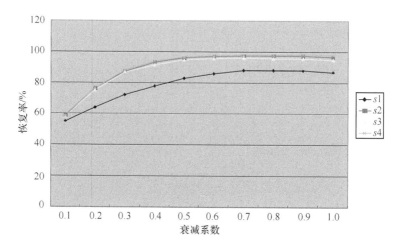

图 4-19　PN 算法使用四段语音为载体时的恢复率

PN 算法情况下,除有背景音乐的男生话音外,其他三类载体的恢复率类似。

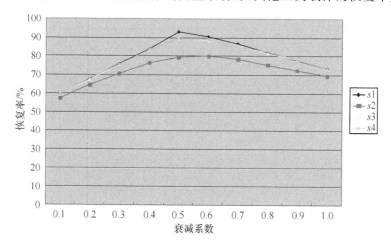

图 4-20　子带回声隐藏算法使用四段语音为载体时的恢复率

由于子带回声隐藏算法选用载体的部分频谱分量作为实际载体,因此算法受能量的影响最明显,四种载体中,$s1$ 话音音量大,有背景音乐,所以以其为载体时,算法的误码率最小。$s2$ 的话音音量最小,因而恢复率最低。

4.5.10　小　结

总结上述试验结果可以看出

1. 多位置隐藏和前后向算法整体性能较优,近似衰减系数情况下,自相关系数更高,恢复率也较高。

2. 分段信噪比可以做为透明度的参考指标,但与人耳听觉效果不一定相符,因为分段信噪比没有考虑人耳的听觉效果。当自相关系数接近 1,人耳也察觉不出区别是,信噪比也不过 10 dB 左右,若添加同等强度的噪声,人耳则能很清晰的判别。分段自相关系数描述的结果符合人耳听觉感受。

3. 各类攻击中,回声算法抗白噪声攻击的性能较弱。回声算法能够抵抗 A 律 mu 律压缩,低通滤波,十分适合应用于公共电话网络。

4. 除 pn 算法外,对于其他算法,使用语速快、静音少的载体,恢复率较高。

4.6　本章结语

回声隐藏是音频信息隐藏的重要隐藏算法,为了提高回声隐藏算法的容量、透明度和鲁棒性,学者们进行了各种尝试,以是否改造核为研究方向分为两大类。非改造核的研究包括根据载体特性选择是否隐藏和衰减系数,以及借鉴和分析的思想。前者需要解决隐藏载体经过信道传输,存在失真时的同步问题。后者对于特定信道而言,鲁棒性最强,是有效的专用算法。这两类算法在实际应用中需要解决算法复杂度问题。适合于非实时信息隐藏环境。

另一类研究思路是改造核。其中引入前向回声的算法综合效果较好。作者在此基础上提出了两种新算法:多位置算法和子带回声隐藏算法。多位置算法的算法复杂度和基本算法相近,容量却能够扩大到普通算法的两倍以上。适合于大容量需求应用场合。子带回声隐藏算法在载体的某个子带中隐藏秘密信息,算法的复杂度略高于多位置算法,主观透明性非常好,熟悉算法的听众也难以辨别隐蔽载体和公开载体。由于实际载体的能量远低于其他算法,该算法的恢复率也低于其他算法,但经过纠错编码后,能够确保误码率低于 1e-4,适合对透明性要求较高的保密通信应用。

参考文献

［1］ Hyoung J K, Yong H C. A novel echo-hiding scheme with backward and forward kernels[J]. Circuits and Systems for Video Technology, IEEE Transactions, 2003, 13(8):885-889.

［2］ Wu Wen-Chih, Chen O T C. An analysis-by-synthesis echo watermarking method. Multimedia and Expo, 2004. ICME '04. 2004 IEEE International, 2004 (3): 1935-1938.

［3］ Byeong-Seob K, Nishimura R, Suzuki Y. Time-spread echo method for digital audio watermarking using PN sequences. Acoustics, Speech, and Signal Processing. Proceedings (ICASSP '02). IEEE International Conference, 2002(2): 2001-2004.

[4] Oh H O, Hyun W K, Jong W S, Jin W H, Dae H Y. Transparent and robust audio watermarking with a new echo embedding technique. Multimedia and Expo. ICME 2001. IEEE International Conference, 2001:317-320.

[5] FOO S W. Senior Member, IEEE, Theng Hee YEO and Dong Yan HUANG. An Adaptive Audio Watermarking System. Multimedia and Expo, 2004. ICME '04. 2004 IEEE International Conference on, 2004(3): 1935-1938.

[6] Bender W, Gruhl D, Morimoto N, Luproc A. Techniques for data hiding [J]. IBM Systems Journal, 1996, 35(3&4).

[7] Petrovic, Winograd R, Jemili J M. Data hiding within audio signals[Z]. Telecommunications in Modern Satellite, Cable and Broadcasting Services, 1999(1): 88-95.

[8] Chou, Ramchandran J, Ortega K. Next generation techniques for robust and imperceptible audio data hiding[Z]. Acoustics, Speech, and Signal Processing, 2001. Proceedings, 2001(3):1349-1352.

[9] Hyen O O, Jong W S, Jin W H, et al. New echo embedding technique for robust and imperceptible audio watermarking[J]. Acoustics, Speech, and Signal Processing, 2001. Proceedings, 2001(3):1341-1344.

[10] Oh H O, Hyun W K, Jong W S, et al. Transparent and robust audio watermarking with a new echo embedding technique[J]. Multimedia and Expo, 2001:317-320.

[11] 杨行峻,迟惠生,等.语音信号数字处理[M].北京:电子工业出版社.

[12] 胡广书.数字信号处理[M].北京:清华大学出版社.

第5章 基于 DWT、DCT 和 SVD 的音频水印

5.1 引　言

　　早期人们对数字水印的研究基本上是基于时域的,时域算法相对简单,但是鲁棒性也较差。1996 年 Cox 等[1]提出了第一个变换域水印算法,变换域水印算法虽然算法较时域算法要复杂,但是其鲁棒性要好于时域算法,近年来很多研究者开始研究不同变换域的音频水印算法。这些变换域音频水印算法包括离散余弦变换(Discrete Cosine Transform,DCT)、离散傅里叶变换(Discrete Fourier Transform,DFT)和离散小波变换(Discrete Wavelet Transform,DWT)等。

　　奇异值分解(Singular Value Decomposition,SVD)[2]是一种将矩阵对角化的数值方法,是线性代数中最有用和最有效的工具之一。SVD 分解具有较好的稳定性,最早用在图像水印中,近几年也有学者将其应用到音频数字水印中,借助奇异值的稳定性来提高音频水印算法的鲁棒性。

　　Hamza Özer[3]提出一种利用 SVD 变换的音频水印算法,该算法将原始音频进行短时傅里叶变换后得到一个矩阵,然后对矩阵进行 SVD 变换得到嵌入矩阵,修改嵌入矩阵嵌入水印信息。该算法鲁棒性好于传统的 Cox[1]提出来的 DCT 算法。但该算法是一个盲水印算法。

　　Wang 等[4]提出一种基于 DWT 的音频水印算法,该算法将水印信息嵌入到 DWT 分解后的低频系数中。该算法使用线性预测的方法来提取水印信息,该水印算法是一个盲水印算法,提取该算法时不需要原始音频信息。

　　Wu 等[5]提出一种使用抖动调制的自同步音频水印算法,同步码和水印信息都嵌入到 DWT 域的低频系数中,该算法是一个盲水印算法,提取水印信息的时候无须原始音频信息。

　　Radek Zezula 等[6]提出一种基于 SVD 和复数调制重叠变换的音频水印算法,该音频水印算法是一种盲音频水印算法,该算法中对水印鲁棒性测试的音频信号处理攻击的类型较少,而且算法的鲁棒性有待提高。

Vivekananda B K 等[7]提出一种利用 SVD 变换和抖动调制量化的音频水印方案。该水印算法是一个盲水印算法,提取水印时无需原始音频。该算法的容量较大,而且对常见的音频信号处理攻击具有较强的鲁棒性。但是该算法中未提及嵌入水印后的音频信号的峰值信噪比值。

陈寅秋等[8]提出一种基于 SVD 和 DWT 的盲水印算法,该算法将音频进行一维 DWT 变换,将变换后的近似分量进行 SVD 变换得到 S 矩阵,在 S 矩阵中嵌入水印。该算法抵抗音频常见信号处理攻击的鲁棒性有待提高,而且该算法中未提及音频信号处理攻击后提取水印的误码率。

Ali A H 等[9]提出一种基于 DWT 和 SVD 变换的音频水印算法,该算法将音频分段,每段进行一维 DWT 的四级变换得到 cA4、cD4、cD3、cD2 和 cD1。将 cD4、cD3、cD2 和 cD1 重新组成一个矩阵,对新组成的矩阵进行 SVD 变换,在 SVD 变换后的 S 矩阵中嵌入水印。该算法是一个非盲水印算法,提取水印信息的时候需要原始音频,而且该算法的效率较低。

5.1.1 离散小波变换(DWT)

小波变换是当前数学中一个迅速发展的新领域,它具有深刻的理论意义和实用价值[89]。与傅里叶变换相比,它是一个时间和频率的局域变换,因而能有效地从信号中提取信息,通过伸缩和平移等运算功能对函数或信号进行多尺度细化分析,解决了傅里叶变换不能解决的许多困难问题,从而小波变换被誉为"数学显微镜"。

音频是一维信号,对音频进行小波变换时,使用一维小波变换。一维小波变换可以实现多级,如果是一级的一维小波变换,音频信号被分解为两个分量:一个低频分量,一个高频分量。低频分量中拥有原信号的绝大部分能量,是原信号的主体部分;高频分量具有较小的能量,是原信号的细节信息。因为低频分量基本保持了原信号的信息,因此低频分量又称为近似分量,高频分量又称为细节分量。

分解后的两个信号可以重新组合成原信号,这一过程称为重构。当然,一个信号可以进行多级小波分解,最终获得的是一个低频分量和若干个高频分量。通过多级小波分解可以将信号的主要信息提炼出来。图 5-1 是一个一维二级小波分解,信号 S 被分解为近似分量 cA2 和两个细节分量 cD2 和 cD1。

DWT 变换具有以下特征:

(1) 能量保持与集中特性。音频信号在一维 DWT 变换前后总能量保持不变,同时 DWT 变换对能量重新分配,DWT 变换以后信号分为近似分量和细节分量,音频的大部分能量集中在近似分量。

(2) DWT 变换可以选择小波基和小波变换级数。进行 DWT 变换的时候可以根据算法的特点选择小波基和小波变换级数,因此小波变换域数字水印算法的设计具有很大的灵活性和优越性。

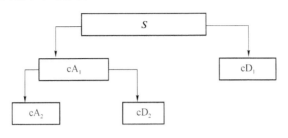

图 5-1　一维二级小波分解

5.1.2　离散余弦变换（DCT）

离散余弦变换[10]是 1974 年由 Ahmed 和 Rao 等人提出的。DCT 变换体现了人类语言及图像信号的相关特性，DCT 常常被认为是对音频和图像的准最佳变换，同时 DCT 算法避免了傅里叶变换中的复数运算，较容易实现。

音频信号一般使用一维 DCT 变换。一维离散余弦正变换：

$$C(0) = \frac{1}{\sqrt{N}} \sum_{x=0}^{N-1} f(x)$$

$$C(u) = \sqrt{\frac{2}{N}} \sum_{x=0}^{N-1} f(x) \cos \frac{(2x+1)u\pi}{2N} , \ u = 1, 2, \cdots, N-1$$

一维离散余弦反变换：

$$f(x) = \frac{1}{\sqrt{N}} C(0) + \sqrt{\frac{2}{N}} \sum_{u=1}^{N-1} C(u) \cos \frac{(2x+1)u\pi}{2N} , \ x = 0, 1, \cdots, N-1$$

DCT 变换具有如下特性。

（1）DCT 域中的值所表现的是音频文件的整体分布特性而非听觉特性。

（2）能量保持与集中特性，音频信号在 DCT 前后总能量保持不变，同时 DCT 变换对能量重新分配，音频能量集中特性是 DCT 的一个显著特点，这使得只用少量低频系数就可代表信号的大部分能量。

（3）稳定性，对音频信号施加小的干扰，对应到 DCT 域中的变换系数将不会产生大的变化，反之，DCT 域中的变换系数发生小的变动，对应到时域信号会将变动分散到整个信号中，也不会对音频信号产生大的变化。

5.1.3　奇异值分解变换（SVD）

奇异值分解[2]是一种将矩阵对角化的数值方法，是线性代数中最有用和最有效的工具之一。

设 $A \in R^{m \times n}$,由于 $n \times n$ 矩阵 $A \cdot A$ 是半正定的,其特征值的非负平方根称为 A 的奇异值,记作 $\sigma_1 \geqslant \sigma_2 \geqslant \cdots \geqslant \sigma_n \geqslant 0$,并用 $\sigma(A)$ 表示 A 的奇异值的全体:

$$\sigma(A) = \{\sigma \geqslant 0 : A \cdot Ax = \sigma^2 x, x \in R^n, x \neq 0\}$$

奇异值分解变换是一种正交变换,它可以将矩阵对角化。

定义: 设矩阵 $A \in R^{m \times n}$,则存在正交矩阵 $U = [u_1, u_2, \cdots, u_m] \in R^{m \times m}$ 及正交矩阵 $V = [v_1, v_2, \cdots, v_n] \in R^{n \times n}$ 使得 $U^T A V = \mathrm{diag}(\sigma_1, \cdots, \sigma_p) = S$,即

$$S = U^T A V \tag{5-1}$$

由于 U 和 V 都是正交的,所以

$$A = USV^T \tag{5-2}$$

其中, $p = \min\{m, n\}, \sigma_1 \geqslant \sigma_2 \geqslant \cdots \geqslant \sigma_p \geqslant 0$ 。这里 σ_i 称为 A 的奇异值, u_i, v_i 分别称为相应于奇异值 σ_i 的左右奇异向量,并且满足:

$$Av_i = \sigma_i u_i, Au_i = \sigma_i v_i (i = 1, \cdots, p) \tag{5-3}$$

因此 U 和 V 的列分别是 AA^T 和 $A^T A$ 的特征向量。式(5-2)称为 A 的奇异值分解。

定理: 设 A 为 $m \times n$ 阶复矩阵,则存在 m 阶矩阵 U 和 n 阶矩阵 V ,使得:

$$A = U * S * V'$$

其中 $S = \mathrm{diag}(\sigma_1, \sigma_2, \cdots, \sigma_r), \sigma_i > 0 (i = 1, \cdots, r)$,表示对角矩阵;这种矩阵只在矩阵的对角线上有值,其余位置全是 0,这些对角线元素就是奇异值。 $r = \mathrm{rank}(A)$ 称为矩阵 A 的秩,这个数跟矩阵 A 的奇异值数量相等。

推论: 设 A 为 $m \times n$ 阶实矩阵,则存在 m 阶正交阵 U 和 n 阶正交阵 V ,使得:

$$A = U * S * V'$$

其中 $S = \mathrm{diag}(\sigma_1, \sigma_2, \cdots, \sigma_r), \sigma_i > 0 (i = 1, \cdots, r), r = \mathrm{rank}(A)$ 。

奇异值分解非常有用,对于矩阵 $A(m \times n)$,存在 $U(m \times m), V(n \times n), S(m \times n)$,上面的定理和推论说明任何的实矩阵都可以进行奇异值分解,分解成两个正交矩阵 U 和 V' 和一个对角矩阵 S 的乘积。

奇异值分解具有以下特征:

(1) 矩阵的奇异值发生较小变化时,逆变换后原矩阵不会发生较大的变化,也就是说调整 S 矩阵的值嵌入水印,逆变换后不会对音频信号的质量产生太大影响。

例如

$$A = \begin{bmatrix} 7 & 1 & 4 \\ 5 & 9 & 3 \\ 6 & 2 & 1 \end{bmatrix}, \text{SVD 分解后 } A = USV^*, \text{其中}$$

$$U = \begin{bmatrix} -0.521\,3 & 0.661\,1 & -0.539\,6 \\ -0.734\,6 & -0.669\,5 & -0.110\,5 \\ -0.434\,3 & 0.338\,8 & 0.834\,7 \end{bmatrix}$$

$$S = \begin{pmatrix} 13.597\,5 & 0 & 0 \\ 0 & 5.821\,5 & 0 \\ 0 & 0 & 1.793\,9 \end{pmatrix}$$

$$V = \begin{pmatrix} -0.730\,1 & 0.569\,1 & 0.378\,2 \\ -0.588\,4 & -0.805\,0 & 0.075\,4 \\ -0.347\,4 & 0.167\,5 & -0.922\,7 \end{pmatrix}$$

其中对角矩阵 S 为奇异值矩阵,其对角线元素的值为矩阵 A 的奇异值。如果我们将矩阵的值进行调整,调整后 S 为:

$$S = \begin{pmatrix} 13.8 & 0 & 0 \\ 0 & 5.821\,5 & 0 \\ 0 & 0 & 1.793\,9 \end{pmatrix}$$

使用 $A^* = USV^*$ 逆向求取矩阵 A 得:

$$A^* = \begin{pmatrix} 7.07 & 1.06 & 4.03 \\ 5.10 & 9.08 & 3.05 \\ 6.06 & 2.05 & 1.03 \end{pmatrix}$$

通过观察可以看到 SVD 变换后 S 矩阵的 $S(1,1)$ 发生变化后,逆 SVD 变换后得到矩阵 A^* 和原始矩阵 A 之间并没有发生很大的变化,同时由于人类听觉系统的局限,这种变化被进一步的弱化,因此在 SVD 分解后的 S 矩阵中嵌入水印的算法具有较好透明性。

（2）当一个矩阵发生较小变化时,SVD 分解后的奇异值也不会发生较大变化。也就是说各种常规的音频信号处理不会对 SVD 变换后 S 矩阵的值产生较大影响。

例如,我们对于原始矩阵进行小幅变动,将原始矩阵 A 变为 A^*

$A^* = \begin{pmatrix} 7.5 & 1 & 4 \\ 5 & 9 & 3 \\ 6 & 2 & 1 \end{pmatrix}$,对 A^* 进行 SVD 变化后,与之对应的奇异值矩阵为:

$$S^* = \begin{pmatrix} 13.794\,5 & 0 & 0 \\ 0 & 6.007\,3 & 0 \\ 0 & 0 & 1.695\,5 \end{pmatrix}$$

通过观察我们可以看到当矩阵 A 发生较小变化时,S 矩阵并没有发生很大的变化。也就是说当嵌入水印的音频经过各种常规音频信号处理时,S 矩阵并不会发生太大的变化,因此水印嵌入在 S 矩阵能较好的抵抗各种常规音频信号处理攻击。

5.2 基于 DWT-DCT-SVD 的音频盲水印算法

本章在研究 DWT 变换、DCT 变换、SVD 变换和音频的特点后,提出一种结合 DWT、DCT 和 SVD 的音频盲水印算法。

该算法首先对音频进行分段,然后对每个分段进行一维 N 级 DWT 变换,然后将 DWT 变换后的近似分量再进行 DCT 变换,取出 DCT 变换后的前 $1/M$ 系数,然后将这些系数进行 SVD 变换,在变换后的 S 矩阵中嵌入水印信息。因为 S 矩阵具有较强的稳定性,将 S 矩阵的 $S(1,1)$ 和 $S(2,2)$ 取出来,利用 $\lfloor S(1,1)/(S(2,2)*\Delta) \rfloor$ 的奇偶性嵌入水印信息。

水印嵌入在 DWT 变换后的近似分量中,该算法具有较好的鲁棒性。同时 S 矩阵具有较好稳定性,各种常见的音频信号处理不会对 S 的值产生较大影响,因此该算法能抵抗各种常见音频常规信号处理攻击。S 矩阵还有一个重要特点就是调整 S 矩阵的值不会影响到音频信号质量,因此该算法具有较好的透明性。

5.2.1 水印嵌入算法

首先对原始音频进行分段,每段的长度为 1 600 个样点。对每段音频进行一维二级 DWT 变换,取出 DWT 变换后的近似分量 cA2,对近似分量 cA2 进行一维 DCT 变换,将 DCT 变换后前 1/4 系数取出,转化为 10×10 的矩阵,并对此矩阵进行 SVD 变换,得到 S 矩阵,在 S 矩阵中嵌入水印信息。Δ 参数的值为 0.5。

下面我们对水印嵌入流程进行详细描述,嵌入流程如图 5-2 所示。

步骤一:水印图像预处理。

(1) 选择二值图像作为水印信息,其大小为 $M1\times M2$,水印图像可以表示为:
$$W = \{\omega(i,j), 0\leqslant i < M_1, 0\leqslant j < M_2\},\ \text{其中}\ \omega(i,j)\in\{0,1\}$$

(2) 因为载体是一维的音频文件,为将二维的二值图像作为水印信息嵌入音频中,需要对二值图像进行降维处理,把二维图像转化为一维向量,通过 $w = \{\omega(i)=\omega(m_1,m_2), 0\leqslant m_1\leqslant M_1, 0\leqslant m_2\leqslant M_2, i=m_1\times M_2+m_2\}$ 降维操作,水印 ω 中的像素 $\omega(m_1,m_2)$ 由向量 w 中的元素 $\omega(i)$ 表示。

步骤二:将原始音频分段,每段的长度为 1 600 样点,对每个分段进行一维二级 DWT 变换,取出 DWT 变换后的近似分量 cA2,cA2 的长度为 400。

步骤三:对近似分量 cA2 进行 DCT 变换,取出变换后系数的前四分之一组成长度为 100 的向量 Y_{i1},并将这个向量转化为 10×10 的矩阵 jsi。

步骤四:对每个 10×10 的矩阵 jsi 进行 SVD 变换,得到一个 10×10 的对角阵 S。

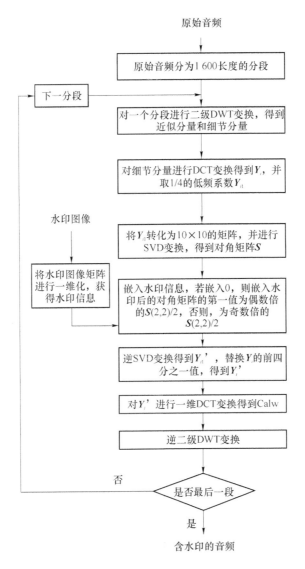

图 5-2　水印嵌入流程图

　　步骤五:将每个对角矩阵 S 的第一个值 $S(1,1)$ 取出来,对其进行水印嵌入。方法为:当 $\lfloor S(1,1)/(S(2,2)*\Delta) \rfloor$ 为偶数,若嵌入的水印是 1,则 $Sw(1,1)=S(2,2)*\Delta*(\lfloor S(1,1)/(S(2,2)*\Delta) \rfloor+1)$,若嵌入的水印是 0,则 $Sw(1,1)=S(2,2)*\Delta*\lfloor S(1,1)/(S(2,2)*\Delta) \rfloor$;当 $\lfloor S(1,1)/(S(2,2)*\Delta) \rfloor$ 是奇数,若嵌入的水印是 1,则 $Sw(1,1)=S(2,2)*\lfloor S(1,1)/(S(2,2)*\Delta) \rfloor$,若嵌入的水印是 0,则 $Sw(1,1)=S(2,2)*(\lfloor S(1,1)/(S(2,2)*\Delta) \rfloor+1)$。

　　步骤六:对嵌入水印后的 Sw 矩阵进行 SVD 逆变换,得到矩阵 S'。

步骤七:将 S' 变成一维向量,替换步骤三中得到的矩阵 Y_i 的前四分之一值得到新的 Y_i',对 Y_i' 进行一维 IDCT 变换,得到含水印的 Ca1w。

步骤八:用含水印的 Ca1w 代替步骤二得到近似分量,和步骤二得到的二级细节分量和一级细节分量组合后进行一维二级逆小波变换,得到嵌入水印后的音频分段。

步骤九:所有分段进行水印嵌入后,得到含水印音频文件。

5.2.2 水印提取算法

水印提取流程如图 5-3 所示。下面我们对水印提取流程进行详细描述。

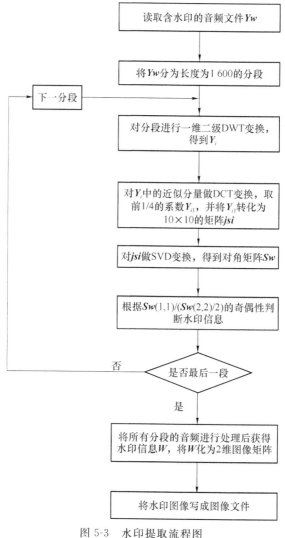

图 5-3 水印提取流程图

步骤一:读取嵌入水印后的含水印音频文件,得到含水印音频数据 Yw。

步骤二:将含水印音频分段,每段的长度为 1 600 样点,对每个分段进行一维二级 DWT 变换,得到近似分量 cA2。

步骤三:将 cA2 进行 DCT 变换,取出 DCT 变换后的系数前四分之一组成长度为 100 的向量 Y_{i1},并将这个向量转化为 10×10 的矩阵 jsi。

步骤四:对每个 10×10 的矩阵 jsi 进行 SVD 变换,得到一个 10×10 的对角阵 Sw。

步骤五:将每个对角矩阵 Sw 的第一个值 $Sw(1,1)$ 和第二个值 $Sw(2,2)$ 取出来进行比较以得到一位水印信息,判别公式:若 $Sw(1,1)/(Sw(2,2) * \triangle)$ 接近偶数,则水印信息为 0,若 $Sw(1,1)/(Sw(2,2) * \triangle)$ 接近奇数,则水印信息为 1。

步骤六:所有分段进行以上步骤后,得到提取的水印信息 W,将 W 变为 2 维图像矩阵,得到水印图像。

5.3　实验与性能分析

为验证本章算法的透明性和鲁棒性。本节选取了三类有代表性的音频文件进行实验,第一类为男女声对话(Speech)、第二类为古典音乐(Classic)、第三类为流行音乐(Pop)。这三个原始音频文件为单声道,16 bit 编码,采样率为 44 100 Hz。

5.3.1　透明性

为测试音频水印算法的透明性,一般可采用主观评价和客观度量两种方式。

MOS 分值法:

在本节透明性实验中,我们将三类音频嵌入水印信息,然后找 10 个测试者试听含水印音频文件,让测试者给这些含水印音频文件打分,MOS 得分如表 5-1 所示。

表 5-1　MOS 得分

音频文件名称	MOS 得分
Speech	4.5
Classic	4.7
Pop	4.8

原始音频和含水印音频波形图:

为了判断含水印音频的透明性,我们可以将原始音频和含水印音频信号的波形图进行比较。图 5-4、图 5-5 和图 5-6 分别表示对话、古典音乐和流行音乐嵌入水印前后的波形比较图。从图中我们可以看出,这三种类型的音频文件嵌入水印信息后,从波形图上几乎看不出差别。

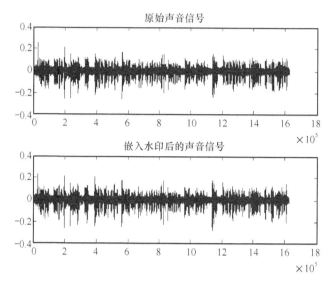

图 5-4　对话在嵌入水印前后的波形比较图

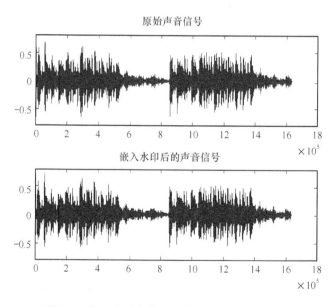

图 5-5　古典音乐在嵌入水印前后的波形比较图

　　因本章中的音频水印算法是将音频分段后,在每段中嵌入水印信息。因此在本章中利用分段平均信噪比来分析算法的透明性。分段平均信噪比定义为各段音频信噪比的平均值。当 $x_i = x_{oi}$ 时,本段 x_i 和 x_{oi} 信噪比的分母为 0,此时令信噪

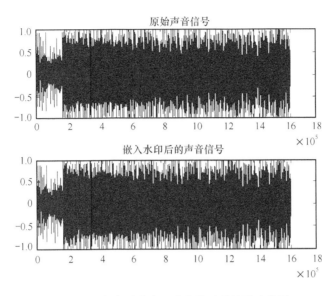

图 5-6　流行音乐在嵌入水印前后的波形比较图

比为 100。由此可得分段平均信噪比 SNR 定义为：

$$\text{SNR} = \frac{1}{K} \sum_{i}^{K-1} \text{SNR}_i$$

其中

$$\text{SNR}_i = \begin{cases} 100, & x_i = x_{\omega i} \\ 10\log_{10} \dfrac{\sigma_i^2}{D_i}, & x_i \neq x_{\omega i} \end{cases}$$

$$\sigma_i^2 = \frac{1}{N} \sum_{j=1}^{N} (x_i(j) - \overline{x_i})^2 \ , \ \overline{x_i} = \frac{1}{N} \sum_{j=1}^{N} x_i(j) \ , \ D_i = \frac{1}{N} \sum_{j=1}^{N} (x_i(j) - x_{\omega i}(j))^2 \ 。$$

K 表示分段的个数，N 表示每段的长度，x_i 表示第 i 段原始数据，$x_{\omega i}$ 表示嵌入水印的第 i 段数据，$x_i(j)$ 表示第 i 段的第 j 个采样数据，$x_{\omega i}(j)$ 表示嵌入水印的第 i 段的第 j 个采样数据。分段平均信噪比的值如表 5-2 所示，SNR 的值均大于 20。

表 5-2　分段平均信噪比

音频文件名称	SNR
Speech	20.97
Classic	20.86
Pop	22.82

5.3.2 算法容量

本章算法中,每个音频分段含 1 600 个样点,每个音频分段中嵌入 1 位水印信息,音频信号的采样率为 44 100 Hz,因此,该算法的水印容量为 44 100/1 600＝27.6 bit/s。

5.3.3 鲁棒性

为测试该算法的鲁棒性,我们对含水印音频信号采取以下的音频信号处理攻击。

(1) 添加 20 dB 的高斯白噪声。

(2) 重采样。将音频下采样为 22 050 Hz,然后再重采样为 44 100 Hz。

(3) 低通滤波。截至频率为 11 025 Hz。

(4) 重量化。将 16 位音频变为 8 位音频,然后再重新量化为 16 位音频。

(5) MP3 压缩。将音频进行 64 kbit/s、32 kbit/s 和 128 kbit/s 的 MP3 压缩。

(6) 替换。随机选择 5 段含有水印的音频,每段 100 个样点,然后用添加了高斯噪声的音频同样位置的样点去替换含水印音频。

在鲁棒性测试试验中,我们使用提取水印图像和原始水印图像的 NC(归一化相关系数)和 BER(误码率)来衡量算法的鲁棒性。NC 的值越接近 1,BER 的值越接近 0,表明该算法抵抗某种攻击的鲁棒性越强。

各种类型音频文件在经过音频信号处理后提取的水印图像、NC 和误码率的值如表 5-3、表 5-4 和表 5-5 所示。所有 NC 的值均大于 0.962 9,误码率均低于 3.8%。表明各种类型的音频均能抵抗以上各种类型的音频信号处理攻击。

表 5-3　Speech 类型音频攻击结果

攻击类型	NC	误码率	提取水印信息
无攻击	1	0	E
高斯噪声(20 dB)	1	0	E
重采样(22.05 kHz)	1	0	E
低通滤波(11.025 kHz)	0.986 8	0.013 7	E

攻击类型	NC	误码率	提取水印信息
重量化	1	0	E
MP3 压缩(64 kbit/s)	1	0	E
MP3 压缩(32 kbit/s)	1	0	E
MP3 压缩(128 kbit/s)	1	0	E
替换	1	0	E

表 5-4　Classic 类型音频攻击结果

攻击类型	NC	误码率	提取水印信息
无攻击	1	0	E
高斯噪声(20 dB)	0.997 2	0.002 9	E
重采样(22.05 kHz)	1	0	E
低通滤波(11.025 kHz)	0.962 9	0.038 1	E
重量化	1	0	E
MP3 压缩(64 kbit/s)	1	0	E
MP3 压缩(32 kbit/s)	1	0	E
MP3 压缩(128 kbit/s)	1	0	E
替换	0.999 1	0.001 0	E

表 5-5　Pop 类型音频攻击结果

攻击类型	NC	误码率	提取水印信息
无攻击	1	0	E
高斯噪声(20 dB)	1	0	E
重采样(22.05 kHz)	1	0	E
低通滤波(11.025 kHz)	0.973 4	0.027 3	E
重量化	1	0	E
MP3 压缩(64 kbit/s)	1	0	E
MP3 压缩(32 kbit/s)	1	0	E
MP3 压缩(128 kbit/s)	1	0	E
替换	1	0	E

5.3.4　与其他算法的比较

我们将本章中提出的盲水印算法和其他的一些算法进行比较,具体结果如表
5-6 所示。

表 5-6　本章算法与现有算法比较表

算法 \ 攻击	高斯噪声 BER/%	重采样 BER/%	低通滤波 BER/%	MP3 压缩 BER/%
本文	0(20 dB)	0(22.05 kHz)	1.37(11.025 kHz)	0(32 kbit/s)
文献[83]	5.13(36 dB)	13.64(22.05 kHz)	18.06(11.025 kHz)	5.71(128 kbit/s)
文献[84]	4.98(16.12 dB)	0(22.05 kHz)	未提及	24.18(32 kbit/s)
文献[85]	2.34(10 dB)	2.03(22.05 kHz)	2.19(8 kHz)	4.38(64 kbit/s)
文献[86]	0(20 dB)	1(22.05 kHz)	0(11.025 kHz)	2(32 kbit/s)

5.4 本章结语

本章提出一种结合 DWT-DCT-SVD 的音频盲水印算法。嵌入水印时首先将音频分段,每段音频进行离散余弦变换,取出近似分量。将近似分量进行离散余弦变换,将变化后前四分之一的系数取出转成二维矩阵 jsi,对 jsi 进行奇异值分解变换,利用奇异值分解后的 S 矩阵的 $S(1,1)$ 和 $S(2,2)$ 的比值关系在 $S(1,1)$ 中嵌入水印信息。提取水印信息时非常简单,就是将音频进行同样的操作,利用奇异值分解后 S 矩阵的 $S(1,1)$ 和 $S(2,2)$ 的比值关系得到一位水印信息。

奇异值分解具有较好的稳定性。奇异值分解后 S 矩阵的值调整不会对矩阵 jsi 的值产生较大影响,因此在 S 矩阵的 $S(1,1)$ 中嵌入水印,经过逆 SVD 变换后,嵌入水印信息后的矩阵 $jsiw$ 和未嵌入之前的 jsi 矩阵差别很小,因此该算法具有较好的透明性。该算法将水印信息嵌入在离散余弦变换后的近似分量,算法具有较好的鲁棒性。同时矩阵 $jsiw$ 的变化不会对 S 矩阵的值产生较大影响,因此该算法能抵抗各种常规音频信号处理。实验表明该算法具有较强的透明性,同时该算法对加噪、重采样、重量化、低通滤波、MP3 压缩和替换等各种常规音频信号处理攻击具有较强的鲁棒性。

实验表明该算法具有较好的透明性,本章中对三种类型的音频嵌入水印信息,MOS 平均得分均大于 4.5,嵌入水印后的音频文件和原始音频文件的波形图几乎没有差别,嵌入水印后音频文件的 SNR 值均大于 20 dB。该算法嵌入水印的容量为 27.65 bit/s,满足 IFPI 提出的嵌入水印容量至少要大于 20 bit/s 的要求。

通过对三种嵌入水印的音频文件进行加噪、重采样、重量化、低通滤波、MP3 压缩和替换等各种常见音频信号处理的攻击,提取出来的音频水印和原始水印的 NC 值均大于 0.96,误码率小于 3.8%。实验结果表明,该算法对各种常见音频信号处理攻击具有较强的鲁棒性。同时该算法在 MP3 压缩攻击时的鲁棒性好于以前的算法。

本章中 $\triangle$ 参数的选择与算法的鲁棒性和透明性密切相关,不同的 $\triangle$ 参数将会得到不同的结果,针对不同类型和强度的音频文件,如何得到最佳的 $\triangle$ 是一个值得进一步探讨的问题,如何使 $\triangle$ 能够根据音频信号的特点,自适应地找到最佳值,以获得鲁棒性与透明性之间的理想平衡,将是今后的进一步研究方向。

参考文献

[1] Cox I J, Kilian J, Leighton F T, Shamoon T. Secure Spread Spectrum Wa-

termarking for Multimedia. IEEE Trans. on Image Process，1997，12（6）：1673-1687.

［2］刘瑞祯，谭铁牛. 基于奇异值分解的数字图像水印方法. 电子学报，2001，29（2）：168-171.

［3］Hamza O，Sankur B，Nasir M. An SVD-Based Audio Watermarking Technique. Proceeding of the 7th workshop on Multimedia and Security，2005：51-56.

［4］Wang R，Xu D，Chen J，Du C. Digital Audio Watermarking Algorithm Based on Linear Predictive Coding in Wavelet Domain. In：7th International conference on signal processing，2004，1：2393-2396.

［5］Wu S，Huang J，Huang D，Shi Y Q. Efficiently Self-Synchronized Audio Watermarking for Assured Audio Data Transmission. IEEE Trans Broadcast，2005，51（1）：69-76.

［6］Zezula R，Misurec J. Audio Digital Watermarking Algorithm Based on SVD in MCLT Domain. Third International Conference on Systems，2008：140-143.

［7］Vivekananda B K，Indranil S，Abhijit D. An Audio Watermarking Scheme Using Singular Value Decomposition and Dither-Modulation Quantization. Multimedia Tools and Applications，2010，52(2-3)：369-383.

［8］陈寅秋，伍祥生. 基于 SVD-DWT 的音频盲水印. 湖南师范大学自然科学学报，2009，1(32)：47-55.

［9］Ali A H. Digital Audio Watermarking Based on the Discrete Wavelets Transform and Singular Value Decomposition. European Journal of Scientific Research，2010，39(1)：6-21.

［10］杨榆. 信息隐藏与数字水印实验教程. 北京:国防工业出版社,2010.

第6章 基于 DWT、DCT 和 *QR* 的音频盲水印算法

本章提出了一种结合离散小波变换（DWT）、离散余弦变换（DCT）和 *QR* 分解的音频盲水印方法。首先将原始音频数据分段后进行一维二级小波变换，然后对变换后得到的近似分量进行离散余弦变换，再对余弦变化后的前 1/4 系数取出转成二维矩阵后进行 *QR* 分解，利用 *QR* 分解后得到的上三角矩阵 S 的 $S(1,1)$ 和 $S(2,2)$ 的比值关系，在 $S(1,1)$ 中嵌入水印信息。实验结果表明，该算法具有较好的透明性，且算法效率有了明显的提高，并且对重采样、重量化、高斯加噪、低通滤波、MP3 压缩、裁剪替换等常见音频信号处理攻击具有很强的鲁棒性。

6.1 引 言

QR 分解

QR 分解是将非奇异矩阵 $A \in R^{n \times n}$，分解成一个正规正交矩阵 Q 与上三角矩阵 R，使得

$$A = QR \tag{6-1}$$

且分解唯一。由于正交矩阵是性态最好的矩阵，因此 *QR* 分解具有数值稳定性。

本文借助 *QR* 分解的稳定性，结合 DWT 变换、DCT 变换和音频的特点，提出一种结合 DWT、DCT 和 *QR* 三种变换的盲音频水印算法。

6.2 音频盲水印算法

本节给出一种结合 DCT-DWT-*QR* 变换的音频盲水印算法。该算法首先对音频进行分段，然后对每个分段进行一维二级 DWT 变换，再对 DWT 变换后得到的近似分量进行 DCT 变换，取出 DCT 变换后的前 1/4 系数转成二维矩阵后进行 *QR* 分解，最后在 *QR* 分解后的上三角矩阵 S 中嵌入水印信息。因为 S 矩阵具有较强

的稳定性,将 S 矩阵的 $S(1,1)$ 和 $S(2,2)$ 取出来,利用 $\lfloor S(1,1)/(S(2,2)*\Delta)\rfloor$ 的奇偶性嵌入水印信息。这里,取 $\Delta=0.5$。

6.2.1 水印嵌入算法

水印嵌入框图如图 6-1 所示:

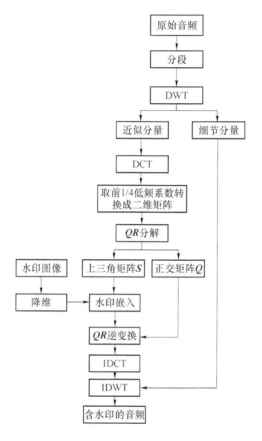

图 6-1　水印嵌入框图

嵌入算法详细描述如下。

(1) 水印图像预处理:选择二值图像作为水印图像,其大小为 $M_1 \times M_2$。因为载体是一维的音频文件,为了能将二维的二值图像作为水印信息嵌入载体中,需要对二值图像进行降维处理,把二维图像转化为一维向量,通过 $w = \{w(i) = w(m_1, m_2), 0 \leqslant m_1 \leqslant M_1, 0 \leqslant m_2 \leqslant M_2, i = m_1 \times M_2 + m_2\}$

降维操作,水印 w 中的像素 $w(m_1, m_2)$ 由向量 w 中的元素 $w(i)$ 表示。

(2) 将原始音频分段,每段的长度为 1 600 样点,对每个分段进行一维二级 DWT 变换,取出 DWT 变换后的近似分量 cA2。

（3）对近似分量 cA2 进行 DCT 变换，取出变换后的前 1/4 系数组成长度为 100 的向量 Y_i，并将该向量转化为 $10×10$ 的矩阵 *jsi*。

（4）对矩阵 *jsi* 进行 *QR* 变换，得到上三角矩阵 *S*。

（5）取出上三角矩阵 *S* 的第一个值 $S(1,1)$，对其进行水印嵌入，嵌入方法为：当 $\lfloor S(1,1)/(S(2,2)*\Delta)\rfloor$ 是偶数，若嵌入的水印是 1，则 $Sw(1,1)=S(2,2)*\Delta*(\lfloor S(1,1)/(S(2,2)*\Delta)\rfloor+1)$，若嵌入的水印是 0，则 $Sw(1,1)=S(2,2)*\Delta*\lfloor S(1,1)/(S(2,2)*\Delta)\rfloor$；当 $\lfloor S(1,1)/(S(2,2)*\Delta)\rfloor$ 是奇数，若嵌入的水印是 1，则 $Sw(1,1)=S(2,2)*\lfloor S(1,1)/(S(2,2)*\Delta)\rfloor$，若嵌入的水印是 0，则 $Sw(1,1)=S(2,2)*(\lfloor S(1,1)/(S(2,2)*\Delta)\rfloor+1)$。

（6）对嵌入水印后的 *Sw* 矩阵进行 *QR* 反变换，得到矩阵 *S'*。

（7）将 *S'* 变成一维向量，替换步骤三中得到的矩阵 Y_i 的前四分之一值得到新的 Y_i'，对 Y_i' 进行一维 IDCT 变换，得到含水印的 Ca1w。

（8）用含水印的 Ca1w 代替步骤二得到近似分量，与步骤二得到的二级细节分量和一级细节分量进行一维二级逆小波变换，得到嵌入水印后的音频分段。

（9）所有分段进行水印嵌入后，得到含水印音频文件。

6.2.2　水印提取算法

水印提取流程描述如下。

（1）读取嵌入水印后的含水印音频文件，得到含水印音频数据 *Yw*。

（2）将含水印音频分段，每段的长度为 1 600 样点，对每个分段进行一维二级 DWT 变换，得到近似分量 cA2。

（3）将 cA2 进行 DCT 变换，取出 DCT 变换后的系数前四分之一组成长度为 100 的向量 Y_{i1}，并将这个向量转化为 $10×10$ 的矩阵 *jsi*。

（4）对每个 $10×10$ 的矩阵 *jsi* 进行 *QR* 变换，得到一个 $10×10$ 的上三角矩阵 *Sw*。

（5）将每个上三角矩阵 *Sw* 的第一个值 $Sw(1,1)$ 和第二个值 $Sw(2,2)$ 取出来进行对比判断以得到一位水印信息，判别公式：若 $Sw(1,1)/(Sw(2,2)*\Delta)$ 接近偶数，则水印信息为 0，若 $w(1,1)/(Sw(2,2)*\Delta)$ 接近奇数，则水印信息为 1。

（6）所有分段进行以上步骤后，得到提取后水印信息 *W*，将 *W* 变为 2 维图像矩阵，得到水印图像。

6.3　仿真实验与性能分析

仿真实验中采用工具 Matlab7.1。原始音频选取了三类有代表性的 wav 格式的文件：男女声对话（Speech）、古典音乐（Classic）和流行音乐（Pop），音频信号均为44.1 kHz采样、16位编码、单声道音频。水印图像采用32×32的二值图像。

6.3.1　透明性和鲁棒性

图6-2、图6-3和图6-4分别是实验样本Speech、Classic和Pop为载体音频与未受攻击的嵌入水印后的音频的时域波形图。

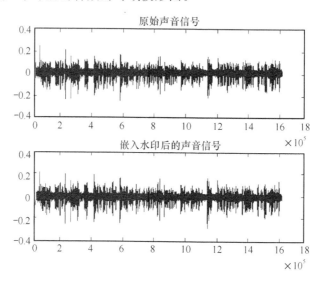

图6-2　对话在嵌入水印前后的波形比较图

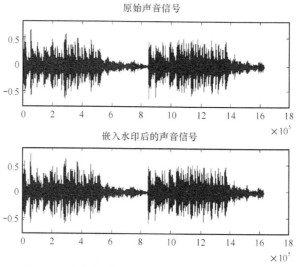

图6-3　古典音乐在嵌入水印前后的波形比较图

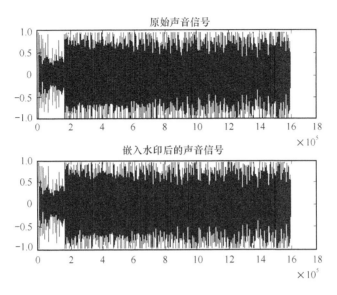

图 6-4　流行音乐在嵌入水印前后的波形比较图

从图中可以看出,原始载体音频与嵌入水印后的音频在波形上几乎没有什么改变。

实验中,又找 10 个同学分别听取对嵌入水印后的音频与原始音频,进行听觉上的比较与打分,最终得到的一个 MOS 值,如表 6-1 所示。

表 6-1　嵌入水印信息后 MOS 得分

音频文件名	MOS 得分
Speech	4.8
Classic	4.9
Pop	4.7

6.3.2　健壮性

实验中对加载水印音频进行以下健壮性测试:(1)无攻击;(2)添加 20 dB 的高斯噪声;(3)以 0.5 倍的采样率做非整数倍下采样;(4)以 11.025 kHz 为截止频率的低通滤波;(5)8 bit 重新量化;(6)在 64 kbit/s 的比特率下进行 MP3 压缩;(7)在 32 kbit/s 的比特率下进行 MP3 压缩;(8)在 128 kbit/s 的比特率下进行 MP3 压缩;(9)替换。

表 6-2 给出了本文的算法在 100% 的嵌入率下,三种不同类型的加载水印音频对上述攻击方式的误码率和相关系数。

表 6-2　不同音频类型在音频攻击后的比较表

攻击类型＼结果	Speech			Classic			Pop		
	NC	误码率	提取水印信息	NC	误码率	提取水印信息	NC	误码率	提取水印信息
无攻击	1	0	E	1	0	E	1	0	E
高斯噪声（20 dB）	0.900 9	0.131 8	E	0.979 1	0.028 3	E	0.990 7	0.012 7	E
下采样（44 100-22 050-44 100）	1	0	E	1	0	E	1	0	E
低通滤波（截至频率 11 025 Hz）	0.991 4	0.011 7	E	0.987 8	0.016 6	E	0.987 8	0.016 6	E
重量化	1	0	E	1	0	E	1	0	E
MP3 压缩 64 kbit/s	1	0	E	1	0	E	1	0	E
MP3 压缩 32 kbit/s	1	0	E	1	0	E	1	0	E
MP3 压缩 128 kbit/s	1	0	E	1	0	E	1	0	E
替换（裁剪）	1	0	E	1	0	E	1	0	E

　　本文的算法中,每个音频分段含 1 600 个样点,每个音频分段中嵌入 1 位水印信息,音频信号的采样率为 44.1 kHz,因此,该算法的水印容量为 44 100/1 600 ＝ 27.6 bit/s。

6.4 本章结语

本章提出一种结合 DWT、DCT 和 *QR* 的音频盲水印方法。该算法具有较好的透明性,且算法的效率较高。实验表明,该算法对于 MP3 压缩、重量化、重采样、低通滤波、高斯加噪、裁剪替换等常见音频信号处理攻击具有很强的鲁棒性。

参考文献

［1］ Alexander S，Scott D，Ahmet M E. Secure DCT-SVD domain image water-marking：embed- ding data in all frequencies［C］. ACM Multi- media and Security Workshop，2004.

［2］ Santhi V，Rekha S，Tharini S. A hybrid block based watermarking algo-rithm using DTW-DCT- SVD techniques for color images［C］. The Interna-tional Conference on Computing，Com- munication and Networking，2008：1-7.

［3］ Satyanarayana M P，Rajesh K. A robust digital image watermarking scheme using hybrid DWT- DCT-SVD technique［J］. International Journal of Com-puter Science and Network Security，2010，10(10)：185-192.

［4］ El-Taweel G S，Onsi H M，Samy M，et al. Secure and Non-blind water-marking scheme for color images based on DWT［J］. GVIP Journal，2005，5(4)：1-5.

［5］ Vivekananda B K，Indranil S，Abhijit D. An audio watermarking scheme u-sing singular value decomposition and dither-modulation quanti- zation［J］. Multimedia Tools and Applications，2010，52(2-3)：369-383.

［6］ Ali A H. Digital audio watermarking based on the discrete wavelets trans-form and singular value decomposition［J］. European Journal of Scientific Re-search，2010，39(1)：6-21.

［7］ Ferraiolo D，Kuhn R. Role-based access control［C］. Proceedings of 15th Na-tional Computer Security Conference. Washington，DC：IEEE，1992：554-563.

［8］ Hamza O，Sankur B，Nasir M. An SVD-based audio watermarking technique ［C］. ACM Multi- media Conference，2005：51-56.

［9］ Wang R，Xu D，Chen J，et al. Digital audio watermarking algorithm based on linear predictive coding in wavelet domain. In：7th International conference on signal processing (ICSP'04)，2004(1)：2393-2396.

[10] Wu S，Huang J，Huang D，et al. Efficiently self-synchronized audio watermarking for assured audio data transmission. IEEE Trans Broadcast，2005，51(1)：69-76.

[11] 雷敏.音频数字水印与隐写分析算法研究[D].北京：北京邮电大学,2011：28-44.

[12] Zezula R，Misurec J. Audio digital watermarking algorithm based on SVD in MCLT domain[C]. Third International Conference on Systems，2008：140-143.

第7章　基于 DWT 和 DCT
组合的零水印算法

7.1　概　述

前面章节介绍的各种音频数字水印方法嵌入水印信息时会引起载体的变化，从而导致鲁棒性和透明性之间的矛盾。零水印算法[10-12]克服了传统数字水印算法在嵌入水印时要对原始数据进行修改，从而影响嵌入载体透明性的局限性，其特点是从原始载体中提取载体有效特征得到水印信息，而不是往载体中插入秘密信息，这种算法不对载体进行任何修改，从而具有较高的透明性。这种方法可以有效缓解鲁棒性和透明性之间的矛盾。对于音频零水印方案而言，算法的关键是如何提取音频文件的特征生成水印信息。

音频离散余弦变换(Discrete Transform,DCT)具有以下特征：DCT 域所表现的是音频文件的整体分布特性而非听觉特性；同时 DCT 变换后能量保持不变，而且能量大部分集中在低频系数；DCT 变换具有较强的稳定性，对音频微小的修改不会对 DCT 域中的系数产生较大影响。音频离散小波变换(Discrete Wavelet Transform,DWT)具有以下特征：DWT 变换前后能量也能保持一致，而且大部分能量集中在近似分量；DWT 变换也具有较强稳定性，对音频微小的修改不会对 DWT 域中的系数产生较大影响。

本章提出一种基于 DCT 和 DWT 变换的零水印方案，首先将音频分成等长帧，对每帧进行二级 DWT，提取 DWT 后的近似分量，对近似分量进行余弦变换，求变换系数绝对值平均值，最后根据相邻两帧之间绝对值平均值大小关系构造出 1 个二值水印密钥，然后与具有实际版权意义的二值图像水印进行异或操作，将异或操作后的结果保存到注册机构完成零水印的嵌入。对音频进行小波变换后再进行余弦变换，音频的能量更为集中。最后经过仿真实验验证了该数字水印方案的鲁棒性。

该章对基于离散小波变换(DWT)和离散余弦变换(DCT)的音频零水印进行了研究。该文将音频分成等长帧。对每帧进行 DWT 提取出近似分量。对近似分量进行 DCT 后求均值。根据相邻均值间的关系嵌入水印。仿真实验表明,该算法对于 MP3 压缩、重量化、重采样、低通滤波、降噪等常见音频信号处理攻击具有很强的鲁棒性且效率较高。

7.2 算法描述

7.2.1 水印嵌入算法

设原始音频为 A,其大小为 $M_1 \times M_2$,音频分成等长帧,每帧的样点数为 1 600。表示版权信息的二值图像水印为 W。算法步骤如下:

步骤一:水印图像预处理。因为载体是一维的音频文件,为了能将二维的二值图像作为水印信息嵌入载体中,需要对二值图像进行降维处理,把二维图像转化为一维向量,通过 $W = \{W(i) = W(m_1, m_2), 0 \leqslant m_1 \leqslant M_1, 0 \leqslant m_2 \leqslant M_2, i = m_1 \times M_2 + m_2\}$ 降维操作,水印 W 中的像素 $W(m_1, m_2)$ 由向量 W 中的元素 $W(i)$ 表示。

步骤二:将原始音频 A 分帧 Y_i,每帧的长度为 1 600 样点,这里 $i = 1, 2, \cdots, M_1 \times M_2 + 1$。

步骤三:对相邻帧 Y_i 和 Y_{i+1} 分别进行二级小波变换(DWT)可得到长度为 400 的两个近似分量 C_i 和 C_{i+1}。

步骤四:对 C_i 和 C_{i+1} 进行一维 DCT 变换得到 $A_i = (A_i(1), A_i(2), \cdots, A_i(400))$ 和 $A_{i+1} = (A_{i+1}(1), A_{i+1}(2), \cdots, A_{i+1}(400))$。

步骤五:构造二值水印密钥 W_K。求变换后系数绝对值平均值 t:

$$t(i) = (\sum_{j=1}^{400} |A_i(j)|)/400, t(i+1) = (\sum_{j=1}^{400} |A_{i+1}(j)|)/400$$

比较相邻帧变换后系数绝对值 t 的大小构造二值水印密钥。如果 $t(i) > t(i+1)$,则 $s(i) = 0$;否则 $s(i) = 1$。

步骤六:生成水印检测密钥。将具有实际版权意义的待嵌入二值图像数字水印和生成的二值水印密钥进行异或运算得到水印检测密钥 W'。

7.2.2 水印提取算法

水印提取流程如下。

步骤一:将待检测音频 A' 分帧 Y_i',每帧的长度为 1 600 样点,这里 $i = 1, 2, \cdots, M_1 \times M_2 + 1$。

步骤二:对相邻帧 Y_i' 和 Y_{i+1}' 分别进行二级小波变换(DWT)可得到长度为 400 的两个近似分量 C_i' 和 C_{i+1}'。

步骤三:对 $C_i{}'$ 和 $C_{i+1}{}'$ 进行一维 DCT 变换得到 $A_i{}' = (A_i{}'(1), A_i{}'(2), \cdots, A_i{}'(400))$ 和 $A_{i+1}{}' = (A_{i+1}{}'(1), A_{i+1}{}'(2), \cdots, A_{i+1}{}'(400))$。

步骤四:提取二值水印密钥 W_K'。比较相邻帧变换系数绝对值 t 的大小提取二值水印密钥。

步骤五:恢复数字水印。将水印检测密钥 W' 和提取出的二值水印密钥进行异或操作,生成版权认证的数字水印 $W^* = \mathrm{xor}(W', W_k')$。

7.3　实验仿真

为验证本文算法的鲁棒性。选取了三类有代表性的音频,男女声对话(Speech)、古典音乐(Classic)和流行音乐(Pop)。音频格式均为 44.1 kHz 采样,16 bit编码,单声道。对含水印音频信号采取以下的音频信号处理攻击。

(1) 高斯噪声:添加 20 dB 贝的高斯白噪声。

(2) 下采样:将音频下采样为 22 050 Hz,然后再重采样为 44 100 Hz。

(3) 低通滤波:截至频率为 11 025 Hz。

(4) 重量化:将 16 位音频变为 8 位音频,然后再重新量化为 16 位音频。

(5) MP3 压缩:将音频分别进行 64 kbit/s、32 kbit/s 和 128 kbit/s 的 MP3 压缩。

(6) 去噪:利用 Hiss 去噪方式。

本文采用常见的归一化相关系数(NC)和误码率(BER)来对水印的鲁棒性进行评价。其中,误码率表示遭受攻击后提取得到的水印与原始水印之间不同比特数所占的百分比,其定义为:

$$\mathrm{BER} = \frac{错误的比特数}{总比特数} \times 100\%$$

归一化相关系数为提取水印图像和和原始水印图像的相似性,其定义为:

$$\mathrm{NC}(W, W') = \frac{\displaystyle\sum_{i=1}^{M_1}\sum_{j=1}^{M_2} W(i,j)W'(i,j)}{\sqrt{\displaystyle\sum_{i=1}^{M_1}\sum_{j=1}^{M_2} W(i,j)^2}\ \sqrt{\displaystyle\sum_{i=1}^{M_1}\sum_{j=1}^{M_2} W'(i,j)^2}}$$

其中:W 为原始水印,W' 为提取的水印,它们的大小为 $M_1 \times M_2$。

表 7-1 给出了本文算法在 100% 的嵌入率下,三种不同类型的加载水印音频对常见音频信号攻击方式的误码率和相关系数。表 7-2 给出本文的算法与现有零水印算法在常见音频信号处理中的归一化相关系数,从表 7-2 中可以看到,本文算法的鲁棒性明显优于现有算法。

表 7-1   三种音乐攻击实验结果

攻击类型	流行音乐		古典音乐		对话	
	归一化相关系数	误码率	归一化相关系数	误码率	归一化相关系数	误码率
无攻击	1	0	1	0	1	0
高斯噪声	1	0	1	0	1	0
下采样	1	0	1	0	1	0
低通滤波	1	0	1	0	1	0
重量化	1	0	1	0	1	0
MP3 压缩 (64 kbit/s)	1	0	1	0	1	0
MP3 压缩 (32 kbit/s)	1	0	1	0	1	0
MP3 压缩 (128 kbit/s)	1	0	1	0	1	0
去燥	1	0	1	0	0.991	0.01

表 7-2   本文的算法与现有零水印算法的在常见音频信号处理中的 **NC** 值

归一化相关系数攻击	本文	文献[12]	文献[13]	文献[14]
重量化	1	0.97	—	0.998
MP3 压缩(128 bit)	1	0.99	—	0.999
低通滤波	1	1	0.997 1	0.824
高斯噪声	1	1	0.966 8	0.999
下采样	1	1	—	0.981

7.4   本章结语

　　本章给出一种结合离散小波变换和离散余弦变换的音频零水印方法,首先将音频分成等长帧,对每帧进行二级小波变换,提取小波变换后的近似分量,对近似分量进行余弦变换,求变换系数绝对值平均值,最后根据相邻两帧之间绝对值平均值大小关系构造出一个二值水印密钥,然后与具有实际版权意义的二值图像水印进行异或操作,将异或操作后的结果保存到注册机构完成零水印的嵌入。对音频进行小波变换后再进行余弦变换,音频的能量更为集中。该算法具有较好的鲁棒性,且算法的效率较高。实验表明,该算法对于 MP3 压缩、重量化、重采样、低通滤波、降噪、去噪等常见音频信号处理攻击具有很强的鲁棒性,通过仿真实验结果看出,本文的算法在鲁棒性上明显优于现有的经典算法。

参考文献

[1] Lie Wen-Nung, Chang Li-Chun. Robust and high-quality time-domain audio watermarking based on low-frequency amplitude modification[J]. IEEE Transactions on Multimedia, 2006, 8(1): 46-59.

[2] Harumi M, Akio O, Motoi I, Akira S. Multiple embedding for time-domain audio watermarking based on low-frequency amplitude modification[A]. The 23rd International Technical Conference on Circuits/Systems, Computers and Communications[C]. Shimonoseki, Japan: Institute of Electronics, Information and Communication Engineers, 2008: 1461-1464.

[3] Bassia P, Pitas I. Robust audio watermarking in the time domain[J]. IEEE Transactions on Multimedia, 2001, 2(3): 232-241.

[4] Pranab K D, Mohammad I K, Jong-Myon K. A new audio watermarking system using discrete fourier transform for copyright protection[J]. International Journal of Computer Science and Network Security, 2010, 6(10): 35-40.

[5] Kamalika D, Indranil S. A Redundant Audio Watermarking Technique Using Discrete Wavelet Transformation[A]. The Second International Conference on Communication Software and Networks[C]. Singapore, Singapore: IEEE Computer Society Washington, 2010: 27-31.

[6] 雷敏,杨榆. 基于 DWT-DCT-SVD 音频盲水印算法[J]. 北京邮电大学学报: 自然科学版, 2011, 34(A): 51-54.

[7] Cao H Q, Xiang H, Li X T, Liu M, Yi S, Fang W. A Zero-Watermarking Algorithm based on DWT and Chaotic Modulation[J]. International Society of Photo-Optical Instrumentation Engineers (SPIE), Independent Component Analyses, Wavelets, Unsupervised Smart Sensors, and Neural Networks[C]. Florida, USA: Society of Photo Optical Instrumentation Engineers, 2006: 1-9.

［8］Chen N，Zhu J. A Robust Zero-Watermarking Algorithm for Audio［J］. Journal of EURASIP on Advances in Signal Processing，2008，2008.

［9］温泉，孙锬锋，王树勋. 零水印的概念与应用［J］. 电子学报，2003，31（2）：214-216.

［10］宋伟，侯建军，李赵红，黄亮. 一种基于 Logistic 混沌系统和奇异值分解的零水印算法［J］. 物理学报，2009，7（58）：4449-4456.

［11］谭良，吴波，刘震，周明天. 一种基于混沌和小波变换的大容量音频信息隐藏算法［J］. 电子学报，2010，8（38）：1812-1818.

第8章 DWT域半脆弱音频水印算法

8.1 引　言

数字水印技术应用的范围较广,不同的技术应用有不同的需求。比如,当数字水印应用在版权保护领域,需要这些数字水印算法具有较强的鲁棒性,也就是能抵抗各种信号处理的攻击;当数字水印应用在多媒体认证,也就是在保护多媒体数据是否完整、有无篡改、是否真实和来源可靠等方面,就需要使用半脆弱性水印。

由于半脆弱水印的目标是用来检测被保护载体的变化,越脆弱的水印对载体的变化越敏感。因此,从理论上来讲,水印应该是越脆弱越好,但在实际应用中,情况并非如此。因为含水印音频在传输的过程中可能会遭受一些偶然的噪声修改和滤波,上述情形都会引起水印的变化。但在正常情况下,音频的内容都保持非常好,对于音频本身的真实性一般不会产生影响。在实际应用中,并不需要半脆弱水印对所有的修改都非常敏感,对恶意篡改高度敏感而对常见的信号处理鲁棒的半脆弱水印更能适应实际应用的要求[1-2]。对半脆弱水印来说,当对水印的修改超过临界值时判断音频被恶意篡改,许多半脆弱水印系统都是使用这个方法实现[3-5]。因此,应用在这些场合的半脆弱水印,应该具有区分含水印音频正常变化和恶意篡改的能力,具有这种性质的水印就是半脆弱水印,半脆弱水印主要是保护音频内容不被恶意篡改。

半脆弱音频水印技术结合了鲁棒音频水印技术和脆弱音频水印技术的优点[6]。一方面它与鲁棒音频水印类似,可以在一定程度上容忍施加于音频上常见信号处理的攻击;另一方面也具备脆弱音频水印的特点,主要用于防止对原始音频信息的恶意篡改,能够识别和定位恶意篡改,这也是半脆弱水印的主要优势。

全笑梅等[7]提出一种用于音频内容认证的半脆弱水印,通过控制心理学模型音频信号的小波包分解和小波包域内水印嵌入量,增加了水印嵌入的透明性。该算法在单一系数上嵌入多位水印,可以更加准确的反映篡改的程度。通过引入篡改检测函数,可同时进行完整性认证和时域/变换域上的定位篡改,并给出篡改的度量。王向阳等[8]提出一种用于版权保护和内容认证的半脆弱水印算法,该算法结合音频自身的特点,不但能够自适应的划分音频数据段,而且能够智能的调节水印嵌入强度,能够进行数字音频的版权保护与内容认证,并可大致确定篡改的发生区域。该算法具有较好的透明性,能容忍常规的音频信号处理,并且能够对替代等恶意篡改作出报警并能确定篡改位置。赵红等[9]提出一种抗裁剪的半脆弱水印算法,该算法能够充分利用多级置乱技术准确定位篡改区域,最大限度改善被篡改后水印的视觉效果;在篡改定位过程中,无须原始水印参与;利用水印的归一化系数,可进行完整性认证并给出篡改程度的度量。该算法计算简单,具有很好的抗裁剪能力,同时对篡改的定位也非常精确。王宏霞等[10]提出一种新的基于质心的混合域半脆弱音频水印算法,推导给出客观评价水印不可听性的信噪比理论下限,并从理论上分析了水印嵌入容量和篡改检测能力。该算法对每个音频帧计算质心并实施密码学中的 Hash 运算生成水印,将水印加密后在 DWT 和 DCT 构成的混合域嵌入到含有质心的音频子带上。该算法具有很好的透明性,对不同类型音频均能实现准确的篡改定位,同时能容忍非恶意常规音频信号处理。赵红等[11]提出一种基于置乱技术的半脆弱音频水印算法,该算法充分利用多级置乱技术消除水印信息的像素相关性,保证水印图像中每行白色像素个数所占比例相近,并可通过异常比例准确定位篡改区域;同时在篡改定位过程中,无须原始水印参与;另外,该算法不但可进行完整性认证,而且还可以给出篡改程度的度量。该算法计算简单,有很好的抗裁剪性能和较精确的篡改定位功能。

8.1.1 半脆弱水印系统

一个半脆弱水印系统若能够在实践中得到很好的应用,应该具备以下的基本功能或性质[9,12]:

(1)感知透明性。半脆弱水印仍然兼备水印在感知上的性质,即具有良好的透明性,这是任何水印系统所必须具备的特性。

(2)鲁棒和脆弱兼备性。水印的鲁棒性与脆弱性随应用场合的不同而变化,半脆弱水印是在满足一定鲁棒性条件下的脆弱,即针对非恶意常规音频信号处理鲁棒,而针对恶意篡改攻击操作脆弱。

(3)篡改敏感性和可定位性。较为理想的情况是能够提供篡改的准确位置、破坏的强度,甚至分析篡改的类型并能有效地对被篡改内容进行恢复。

(4)检测盲性。由于应用的需要,通常检测时不能得到原始音频文件,所以应具备盲检测能力。

(5)基于密钥的安全性。水印算法公开,要求算法的安全性建立在密钥基础上。

8.1.2　音频半脆弱水印的基本框架

音频半脆弱水印系统[13]要实现的四个部分有：水印预处理（Preprocessing）、水印嵌入（Embedding）、水印检测（Detection）和攻击检测（Attack Detecting）。半脆弱水印嵌入流程的框架如图 8-1 所示。

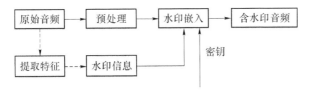

图 8-1　半脆弱系统的嵌入框图

半脆弱水印系统使用的水印有两种。第一种是使用音频的某一些特征值作为水印信息嵌入，这种音频嵌入的水印信息是音频文件本身的特征值。第二种使用一个与原始音频不相关的信息（如用密钥确定的 M 序列或标志版权创作者版权的二值图像）作为水印，二值图像水印在嵌入之前先进行一个预处理，比如进行置乱或者加密处理以提高水印的安全性和水印算法的鲁棒性。水印嵌入音频时需要一个密钥，这个密钥可能是嵌入的强度或者是音频分段大小，这个参数在水印提取时也需要使用。嵌入水印后的音频就是含水印音频。

音频认证时，首先从检测音频中提取水印信息，其中密钥可能是水印的嵌入强度或者音频分段长度的值。将提取的水印信息解密或者反置乱处理，然后与原始水印信息进行比较，如果二者一致，则认为音频没有被篡改；否则，认为音频已经被篡改，并给出音频被篡改的具体位置。水印的提取过程如图 8-2 所示。

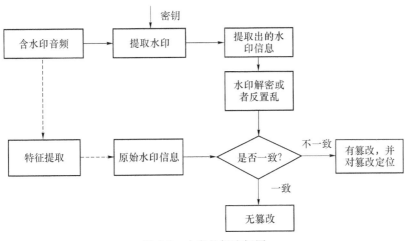

图 8-2　水印的提取框图

如果使用音频的内容或者特征值作为水印信息嵌入,则定位音频篡改时,只需从含水印的音频中提取这些特征。但是音频在传输的过程中可能会遇到各种常见非恶意音频信号处理,作为水印信息的特征值和内容也可能发生变化。因此当使用音频的特征值或者内容作为水印信息嵌入音频时,选用的特征值必须能抵抗传输过程中各种非恶意常见音频信号处理攻击,如加噪或者低通滤波等,这样水印提取端提取的水印信息才不会轻易发生变化。

如果使用密钥确定的 M 序列或二值图像作为水印信息嵌入到原始音频中,在水印提取端,必须要有原始的水印图像。提取出来的水印信息和原始水印信息进行比较才能确定音频文件是否被篡改,并定位篡改位置。

8.2 DWT 域半脆弱音频水印算法

本章提出了一种用于音频内容完整性保护的 DWT 域半脆弱音频盲水印算法。该算法对原始音频进行三级一维小波变换,得到近似分量 cA3,计算所有近似分量的均值,缩小一定的倍数后作为量化步长;将变换后的小波近似分量 cA3 分段,计算每段的均值;接着对每段均值按量化步长进行量化处理,再嵌入水印信息。本章中选择 DWT 变换后的近似分量嵌入水印,因为 DWT 变换后的近似分量集中音频大部分能量,该算法能容忍非恶意音频信号处理攻击。同时如果音频信号被恶意篡改,则篡改后 DWT 近似分量的值与篡改前 DWT 近似分量不同,这样篡改部分重构提取的水印信息与原始水印信息不同,据此可检测恶意篡改的位置。

8.2.1 水印预处理

本章使用如图 8-3 所示 32×32 的二值图像作为水印信息。

在水印嵌入之前,为消除水印图像的相关性,提高水印算法的鲁棒性,使用

图 8-3 二值水印图像

Arnold 变换对水印图像进行置乱,变换公式为:

$$\begin{pmatrix} i' \\ j' \end{pmatrix} = \begin{pmatrix} 1 & 1 \\ 1 & 2 \end{pmatrix} \begin{pmatrix} i \\ j \end{pmatrix} \mathrm{mod} M$$

其中,M 为水印图像的宽度或高度。

Arnold 变换在一定周期 T 后又会变为原图像。在嵌入水印图像的预处理阶段,首先对嵌入水印图像进行 n($n < T$)次 Arnold 变换。

8.2.2　水印嵌入

假设原始音频信号为 $A = \{a(i), 0 \leqslant i \leqslant \text{Length}\}$。二值水印图像为 $W = \{w(i,j), 0 \leqslant i < M, 0 \leqslant j < M\}$，其中 $w(i,j) \in \{0,1\}$ 代表二值水印图像的第 i 行、第 j 列像素值。

水印的嵌入过程如图 8-4 所示，具体的步骤如下。

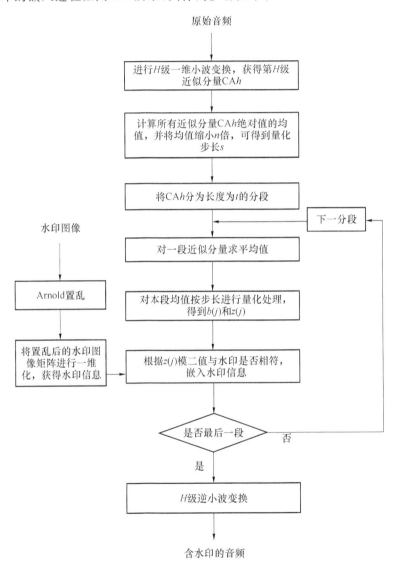

图 8-4　音频水印嵌入算法

步骤一:水印信息预处理。为消除水印图像的相关性,首先对二值水印图像进行 Arnold 置乱,将置乱后的水印图像由二维降为一维向量,即 $w = \{\omega(k) = \omega(m_1, m_2), 0 \leqslant m_1 \leqslant M_1, 0 \leqslant m_2 \leqslant M_2, k = m_1 \times M_2 + m_2\}$。通过降维操作,水印 ω 中的像素 $\omega(m_1, m_2)$ 由向量 w 中的元素 $\omega(k)$ 表示。

步骤二:对原始音频数据 Y 进行 H 级一维离散小波变换,得到近似分量和细节分量;其中 cA_h 为音频数据 Y 离散小波变换的第 H 级近似分量;$cD_h, cD_{(h-1)}, \cdots, cD_1$ 分别为音频数据 Y 离散小波变换的第 $H, H-1, \cdots, 1$ 级的细节分量。

步骤三:计算所有近似分量绝对值的均值,并将均值缩小 n 倍。其中 $a(j)$ 为近似分量的值,l 为近似分量的个数,n 为均值缩小的倍数,得到量化步长 s。

$$s = \frac{\sum_1^l |a(j)|}{ln}$$

步骤四:将 cA_h 分段,分段的长度为 t,每段嵌入一位水印信息,对每段近似分量求平均值,$a(j)$ 为近似分量的值,$\bar{a}(j)$ 为各段近似分量的均值。

$$\bar{a}(j) = \frac{\sum_1^t a(j)}{t}$$

步骤五:对每段均值按步长进行量化处理,s 表示为量化步长。

$$b(j) = \left| \frac{\bar{a}(j)}{s} \right|, \quad z(j) = \left| \frac{\bar{a}(j)}{s} + \frac{1}{2} \right|$$

步骤六:水印信息的嵌入。嵌入方法如下:计算 $\mathrm{mod}(z(j), 2)$ 的值,当 $\mathrm{mod}(z(j), 2)$ 值和水印信息值相同时,$a(j)$ 不变;当 $\mathrm{mod}(z(j), 2)$ 值和水印信息值不同且 $b(j) = z(j)$ 时,$a(j)$ 加 s;当 $\mathrm{mod}(z(j), 2)$ 值和水印信息值不同且 $b(j) \neq z(j)$ 时,$a(j)$ 减 s。其中 $1 \leqslant j \leqslant M_1 \times M_2$。

$$a(j) = \begin{cases} a(j), & \mathrm{mod}(z(j), 2) = \omega(j) \\ a(j) + s, & \mathrm{mod}(z(j), 2) \neq \omega(j) \,\&\, b(j) = z(j) \\ a(j) - s, & \mathrm{mod}(z(j), 2) \neq \omega(j) \,\&\, b(j) \neq z(j) \end{cases}$$

步骤七:逆离散小波变换。对嵌入水印后的音频数据进行 H 级逆 DWT,最终得到含水印的音频信号。

8.2.3 水印提取

水印的提取过程如图 8-5 所示,具体的步骤如下。

步骤一:对原始音频数据 Y_ω 进行 H 级一维离散小波变换,得到近似分量和细节分量;其中 $cA\omega_h$ 为音频数据 Y_ω 小波变换的第 H 级近似分量;$cD\omega_h, cD\omega_{(h-1)}, \cdots, cD\omega_1$ 分别为音频数据 Y_ω 小波变换的第 $H, H-1, \cdots, 1$ 级的细节分量。

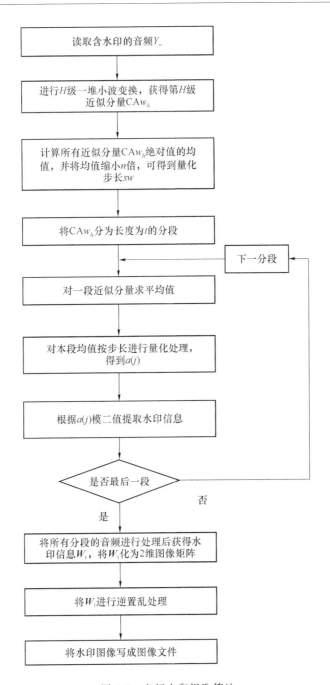

图 8-5　音频水印提取算法

步骤二：计算所有近似分量绝对值的均值，并将均值缩小 n 倍。其中 $a(j)$ 为每个近似分量，l 为所有近似分量的个数，n 为均值缩小的倍数。

步骤三:将 $cA\omega_h$ 近似分量分段,分段的长度为 t。对每段近似分量求平均值,$a(j)$ 为近似分量的值,$\bar{a}(j)$ 为各段近似分量的均值。

步骤四:对每个均值按步长进行量化处理

$$a(j) = \left\lfloor \frac{\bar{a}(j)}{s} + \frac{1}{2} \right\rfloor$$

其中 $1 \leqslant j \leqslant M_1 \times M_2$。

步骤五:提取水印信息

$$\omega_1(j) = \mathrm{mod}(a(j), 2)$$

其中 $1 \leqslant j \leqslant M_1 \times M_2$。

步骤六:将提取的水印信息转换成二维数组 $\boldsymbol{W}_1$,再进行逆置乱处理,即经过 3.2.1 节的 $(T-n)$ 次 Arnold 变换处理后,得到提取的水印图像 $\boldsymbol{W}^*$。

8.3 实验与性能分析

为验证本章算法的透明性、对非恶意常规信号处理的容忍性以及对恶意篡改的脆弱性,本章进行了一系列实验。实验选用的原始音频为采样率 8 000 Hz、分辨率为 16 bit 的单声道音频文件,数字水印采用 32×32 的二值图像。小波变换级数为 3 级,近似分量的长度为整个音频长度的 1/8。n 的值为 100,t 的值为 1 024。

8.3.1 透明性

为测试音频水印算法的透明性,一般可采用主观评价和客观度量两种方式。

(1) MOS 分值法

在本节透明性实验中,我们将嵌入水印后的音频文件找 10 个测试者来试听,MOS 得分为 4.8 分。

(2) 原始音频和含水印音频波形图

为判断音频嵌入水印后的透明性,我们将原始音频信号的波形图和含水印音频信号的波形图进行比较,如图 8-6 所示,从波形图上几乎看不出差别。

8.3.2 容忍常见音频信号处理能力

在实际应用中,含水印音频在传输过程中难免会遇到一些非恶意常规音频信号处理的操作。本节实验中,我们对含水印音频进行如加噪、重采样、MP3 压缩和低通滤波等一些音频常见的信号处理操作。我们使用提取水印图像和原始水印图像的 NC(归一化相关系数)和 BER(误码率)来衡量水印算法抵抗某种攻击的鲁棒性。NC 的值越接近 1,BER 的值越接近 0,表明该算法抵抗某种攻击的鲁棒性

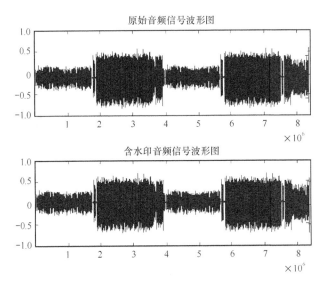

图 8-6　嵌入水印前后的音频信号波形比较图

越强。

表 8-1 为含水印音频在常规信号处理后提取的水印图像，以及水印图像和原始图像的 NC 值和误码率。结果表明，该算法能容忍加噪、重采样、MP3 压缩和低通滤波等非恶意常规音频信号处理操作。

表 8-1　常规音频攻击下提取的水印图像 NC 和 BER

攻击类型	提取的水印图像	NC	BER
未攻击	北邮	1.0	0
加白噪(30 dB)	北邮	0.993 0	0.012 7
上采样(8 kHz→12 kHz→8 kHz)	北邮	1	0
下采样(8 kHz→6 kHz→8 kHz)	北邮	1	0
MP3 压缩(64 kbit/s)	北邮	1	0
低通滤波(3.2 kHz)	北邮	0.995 1	0.008 8

8.3.3 恶意篡改定位能力

本章算法使用二值图像作为水印,通过提取的水印图像和原始水印图像之间的差别来判断音频是否被恶意篡改,并确定恶意篡改的位置。具体方法如下:

设 W_1 是置乱水印 W 而得到的二值水印矩阵,W_1' 是从含水印音频中提取的二值水印矩阵(未经过逆置乱处理),则篡改矩阵为 $\overline{W}_1 = W_1 \oplus W_1'$。由于音频信号小波变换后的近似分量经过分段后,每段对应篡改矩阵中的一个点。

为检测本章算法的恶意篡改定位能力,我们对含水印音频信号进行了三种类型的恶意篡改攻击。第一种类型的恶意篡改是将含水印音频某些段静音,第二种类型的恶意篡改是使用某些原始音频段来代替同样位置的含水印音频段,第三种类型的恶意篡改是将含水印音频某些段静音,同时使用某些其他位置的原始音频段来代替同样位置的含水印音频段。在水印定位篡改的检测中,使用恶意篡改定位图表示音频被恶意篡改的位置。水印图像共 1 024 个像素点,每个像素点对应含水印音频信号的一个分段,每段音频对应篡改矩阵中的横坐标一个点。当该点纵坐标值为 1,表示该点对应的含水印音频分段被恶意篡改;如果该点纵坐标值为 0,表示该点对应的含水印音频分段没有被恶意篡改。

8.3.3.1 静音攻击

实验 1 的恶意篡改攻击是将含水印音频某些段静音,我们将含水印音频的 1 245 500 到 1 593 600 (153 段到 195 段)之间样点静音。静音替换后音频信号的波形如图 8-7(a)所示,提取的水印信息如图 8-7(b)所示,篡改位置的定位如图 8-7(c)所示。

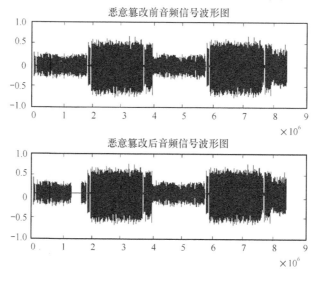

(a)音频信号波形图

原始水印　　　　　　　恶意篡改后提取水印

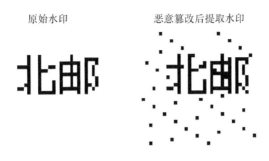

（b）提取的水印图像

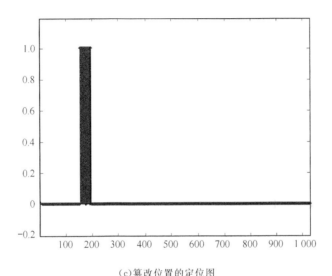

（c）篡改位置的定位图

图 8-7　含水印音频静音恶意篡改后的示意图

8.3.3.2　使用原始音频代替含水印音频攻击

实验 2 的恶意篡改攻击是使用某些原始音频段来代替同样位置的含水印音频段。我们将含水印音频的 5 228 500 到 5 590 000（639 段到 683 段）样点用原始音频同样位置的样点来代替。采用此种方法替换后的音频信号波形如图 8-8（a）所示，提取的水印信息如图 8-8（b）所示，篡改位置的定位如图 8-8（c）所示。

8.3.3.3　静音和代替两种恶意篡改攻击

实验 3 的恶意篡改是将含水印音频某些段静音，同时使用某些其他位置的原始音频段来代替同样位置的含水印音频段。我们将含水印音频 1 105 950 到 1 269 700（136 段到 155 段）之间样点静音，将含水印音频 2 244 700 到 2 408 000 之间（275 段到 294 段）的样点使用原始音频同样位置的样点来代替。采用此种方法替换后的波形如图 8-9（a）所示，提取的水印信息如图 8-9（b）所示，篡改位置的定位如图 8-9（c）所示。

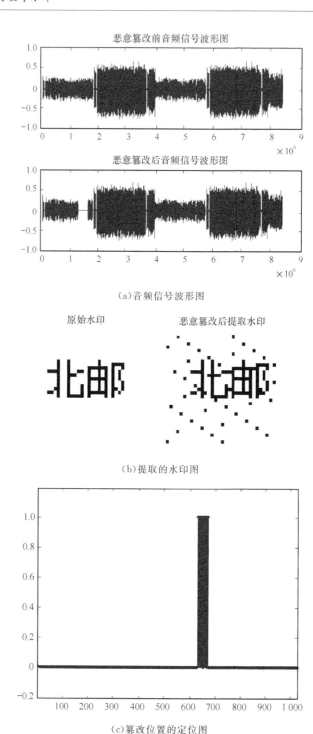

（a）音频信号波形图

（b）提取的水印图

（c）篡改位置的定位图

图 8-8 原始音频代替含水印音频恶意篡改后的示意图

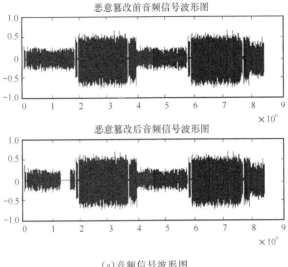

（a）音频信号波形图

（b）提取的水印图

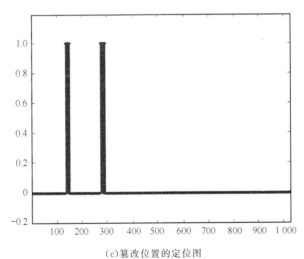

（c）篡改位置的定位图

图 8-9　使用静音和替换两种恶意篡改后的示意图

8.3.3.4 实验结果分析

我们将上述三个实验的结果整理到表 8-2 中，其中 ImodPlace 表示含水印音频文件实际篡改位置。在实验 1 中，实际篡改的位置为 153～195 共 43 段；在实验 2 中，实际篡改的位置为 639～683 共 45 段；在实验 3 中，实际篡改的位置有两部分，第一部分是 136～155 段，第二部分是 275～294 段。

ImodNum 表示含水印音频文件实际上被篡改段的个数。在实验 1 中，实际篡改段的个数为 43 个；在实验 2 中，实际篡改段的个数为 45 个；在实验 3 中，实际篡改段个数为 40 个。

WmodPlace 表示检测出水印图像修改像素点位置，WmodNum 表示检测出水印图像修改像素点个数。Mfrag 表示漏检段的位置。通过上述的三个篡改定位的实验可以看出，音频实际修改的位置和检测出来的位置很接近，实验检测确定的篡改音频分段和实际的篡改音频分度段比较吻合，篡改分段漏检率都低于 8%。

表 8-2　篡改定位结果表

	篡改实验 1	篡改实验 2	篡改实验 3
含水印音频文件实际篡改位置 ImodPlace/段	153～195	639～683	136～155 275～294
含水印音频文件实际篡改段个数 ImodNum/个	43	45	40
检测出水印图像修改像素点位置 WmodPlace	153,154,155,156, 157,158,159,160, 161,162,163,164, 165,166,167,168, 169,170,171,172, 173,174,177,178, 179,180,181,182, 183,184,185,186, 187,188,189,190, 192,193,194,195	639,640,641,642, 643,644,645,646, 647,648,649,650, 651,652,653,654, 656,657,658,659, 660,661,662,663, 664,665,666,667, 668,669,670,671, 673,674,675,676, 677,678,679,680, 681,682	136,138,139,140, 141,142,143,144, 145,146,147,148, 149,151,152,153, 154,155,275,276, 277,278,279,280, 281,282,283,284, 285,286,287,289, 290,291,292,293, 294
检测出水印图像修改像素点数 WmodNum/个	40	42	37
漏检段的位置 Mfrag/段	漏检 175、176 和 191	漏检 655、672 和 683	漏检 137、150 和 288
漏检率/%	6.9	6.7	7.5

8.4　本章结语

本章提出了一种用于音频内容完整性保护的 DWT 域半脆弱音频水印算法。该算法对原始音频进行三级小波变换得到近似分量,将所有近似分量的平均值缩小一定倍数后作为量化步长,然后将音频近似分量分段,对每段近似分量求平均值,将每段平均值量化处理后嵌入置乱后的二值图像水印。

该算法具有较好的透明性,含水印音频信号和原始音频信号的波形图几乎没有差别,而且含水印音频试听效果良好。

音频在传输的过程中会遇到一些常见音频信号处理,半脆弱水印应该能容忍各种常见的音频信号处理操作。实验表明,本章中提出的算法能容忍如加噪、MP3 压缩、重采样和低通滤波等常见音频信号处理。

作为完整性保护的半脆弱水印,算法应该能检测出对音频内容的恶意篡改并定位篡改位置。本章实验表明该算法能较为准确定位对音频内容恶意篡改的位置,实验检测的篡改音频分段和实际的篡改音频分度段比较吻合,篡改分段漏检率都低于 8%。

本章中提出的算法是一个盲水印算法,水印提取时不需要原始音频文件的参与。但嵌入水印时分段的长度大小需要作为密钥传递给提取方以完成水印信息的提取。

本章提出的算法具有易于实现、执行效率高等优点,在实践中具有较高的理论与应用价值。但该算法也有需要改进的地方:第一,该算法嵌入容量较小,今后可研究减少分段长度以提高隐藏容量;第二,该算法对于音频的随机裁剪等同步恶意篡改攻击的定位效果不理想;第三,该算法使用二值图像作为水印信息,检测时需和原始水印图像比较来定位篡改的位置,今后可研究提取音频文件特征或者内容来作为水印信息嵌入到音频中,检测时通过提取这些音频文件的特征值来判断音频文件是否被篡改并定位篡改的位置,这样检测时无须原始水印图像。

参考文献

[1] Lin E T, Delp E J. A Review of Fragile Image Watermarks. Proceeding of the ACM Multimedia and Security Workshop. Orlando:ACM Press, 1999: 25-29.

[2] Fridrich J. Methods for Tamper Detection in Digital Images. Proceeding of the ACM Work shop on Multimedia and Security. Orlando:ACM Press,

1999：19-23.

[3] Lin E T, Podilchuk C I, Delp E J. Detection of Image Alterations Using Semi-Fragile Watermarks. SPIE, 2000, 3971：152-163.

[4] Yu G J, Lu C S, Mark L H Y, et al. Mean Quantization Blind Watermarking for Image Authentication. In Proceedings of International Conference on Image Processing, 2000(3)：706-709.

[5] Rey C, Dugelay J L. Blind Detection of Malicious Alterations on Still Image Using Robust Watermarks. In Proceedings of IEEE Seminar on Secure Image and Image Authentication, 2000：7/1-7/6.

[6] 李伟, 袁一群, 李晓强, 薛向阳, 陆佩忠. 数字音频水印技术综述. 通信学报, 2005, 26(2)：100-111.

[7] 全笑梅, 张鸿宾. 用于篡改检测及认证的脆弱音频水印算法. 电子与信息学报, 2005, 27(8)：1187-1192.

[8] 王向阳, 祁薇. 用于版权保护与内容认证的半脆弱音频水印算法. 自动化学报, 2007(09)：936-938.

[9] 赵红, 沈东升, 朱元辉. 一种抗裁剪的半脆弱音频水印算法. 自动化学报, 2008, 34(6)：647-651.

[10] 王宏霞, 范明泉. 基于质心的混合域半脆弱音频水印算法. 中国科学：信息科学, 2010, 40(2)：313-326.

[11] 赵红, 崔永瑞, 沈东升. 用于内容认证的半脆弱音频水印算法. 小型微型计算机系统, 2009, 30(1)：140-143.

[12] 陈宁. 数字音频水印中的关键技术研究[D]. 天津：复旦大学, 2008.

[13] 金聪. 数字水印理论与技术. 北京：清华大学出版社, 2008.

第9章 音频隐写分析

9.1 隐写分析概述

隐写术是以表面正常的载体,如文本、图像、音频、视频、网络协议和二进制可执行程序等作为掩护,将秘密信息隐藏在载体中,用于传递秘密信息以实现不为人知的隐蔽通信。隐写术的目标是隐藏秘密信息存在的事实。

随着网络技术的发展,互联网上提供了很多隐写工具供下载,越来越多的隐写工具可以非常方便地从网络上下载使用。目前在因特网上已经发布近300种隐写软件,其中北美占60%,欧洲占30%,其他国家占10%[1]。这些隐写工具中有在TXT 文本文件、HTML 网页文件和 PDF 格式文件中隐藏秘密信息的 Wbstego;有在黑白、灰度和彩色图像中隐藏秘密信息的 hide and seek;有在 JPEG 图像中隐藏秘密信息的 JSteg、OutGuess 和 F5 等;有在 MP3 音频文件中隐藏秘密信息的MP3Stego 软件;有在 Wav 格式的音频文件、GIF 和 BMP 格式的图像文件中隐藏秘密信息的 S-Tools 软件;有在网络 TCP/IP 协议中隐藏秘密信息的 Covert.tcp 等。

任何科学技术都是一把双刃剑,隐写术也不例外。一方面政府和国家安全部门可以使用这些隐写工具来隐藏秘密信息用于隐蔽通信,但同时这些隐写工具也给恶意攻击者带来了可乘之机,这些隐写工具可能会被不法分子利用。比如恐怖分子可以利用隐写工具来隐藏秘密信息,这些恐怖分子通过网络使用隐写工具来传递秘密信息的活动很难被发现,从而对国家的安全造成比较大的威胁。

为保证对互联网信息的监控、遏制信息隐藏技术的非法应用、打击恐怖主义、维护国家和社会安定,如何对信息网络中的海量多媒体数据进行隐蔽信息的监测,及时阻断可能存在的非法隐蔽通信已成为一个迫切需要解决的问题。隐写分析技术作为隐写术的对立技术,可以有效防止隐写术的滥用,在信息对抗中具有重要意义。隐写分析技术从 20 世纪 90 年代快速发展以来,也一直是信息隐藏领域的研究热点。隐写分析主要是针图像、视频和音频等多媒体数据,通过隐写分析算法,对可能携秘的载体进行检测或者预测,以判断待检测载体中是否隐藏秘密信息,甚至仅仅是隐藏秘密信息的可能性。

隐写分析是针图像、视频和音频等多媒体数据,在对信息隐藏算法或隐藏的信息一无所知的情况下,仅仅是对可能携秘的载体进行检测或者预测,以判断载体中是否携带秘密信息。隐写分析技术作为隐写术的对立技术,可以有效防止隐写术的滥用,在信息对抗中具有重要意义,对于隐写分析技术的研究也一直是信息隐藏领域的研究热点。

此外,根据隐写分析的研究成果,很多隐写算法被进一步改进以提高安全性。因此隐写分析技术也往往促进了隐写术的发展。可见,对隐写分析的研究具有重要理论意义和实用价值。

隐写分析的目的主要包括三个方面[5]:(1)检测隐写信息的存在性;(2)估计隐写信息的长度和提取隐写信息;(3)删除或扰乱隐写对象中的嵌入信息。前两者称为被动隐写分析,后者称为主动隐写分析。本书索要讨论的内容属于被动隐写分析。对不同用途的隐写系统,其攻击者的目的也不尽相同。通常认为,攻击者如果能判定某个数据对象中是否隐藏有秘密信息,就认为该隐写系统被攻破了,因此,判断给定的音频是否含有隐藏信息,并估计其中含有的隐藏信息比率是本书讨论的重点。

9.2 隐写分析分类

9.2.1 根据适用性

隐写分析根据隐写分析算法适用性可分为两类:专用隐写分析(Specific Steganalysis)和通用隐写分析(Universal Steganalysis)。专用隐写分析算法是针对特定隐写技术或研究对象的特点进行设计,这类算法的检测率较高,针对性强,但专用隐写分析算法只能针对某一种隐写算法。通用隐写分析,就是不针对某一种隐写工具或者隐写算法的盲分析。通用隐写分析方法在没有任何先知条件的基础下,判断载体中是否隐藏有秘密信息。通用隐写分析方法其实就是一个判断问题,就是判断文件是否隐藏了秘密信息。使用的方法是对隐藏秘密信息的载体和未隐藏秘密信息的载体进行分类特征提取,通过建立和训练分类器,判断待检测载体是否为隐写载体。这类算法适应性强,可以对任意隐写技术进行训练,但目前检测率普通较低,主要是很难找到对所有或大多隐写方案都稳定有效的分类特征。

9.2.2　根据已知消息

根据已知消息可分六种[2-4]。

(1) 唯隐文攻击(Stego-Only Attack)：只有隐秘对象可用于分析。

(2) 已知载体攻击(Known Cover Attack)：可利用原始的载体对象和隐写对象。

(3) 已知消息攻击(Known Message Attack)：在某一点，隐藏的消息可能为攻击者所知。分析隐写对象，寻找与隐藏的消息相对应的模式可用于将来对系统的攻击。即使拥有消息，这也是很困难的，其难度甚至等同于唯隐文攻击。

(4) 选择隐文攻击(Chosen Stego Attack)：知道隐写工具(算法)和隐秘对象。

(5) 选择消息攻击(Chosen Message Attack)：隐写分析研究者用隐写工具或算法从一个选择的消息产生隐写对象。这种攻击的目标是确定隐写对象中相应的模式。这些模式可能揭示所使用的特定的隐写工具或算法。

(6) 已知隐文攻击(Known Stego Attack)：知道隐写工具(算法)，可利用原始对象和隐写对象。

9.2.3　根据采用的分析方法

根据需要采用的分析方法可分三种。

(1) 感官分析：利用人类感知如清晰分辨噪音的能力来对数字载体进行分析检测，具体到音频隐写分析的话主要就是指靠人耳的听觉进行检测。因为大多数隐写算法透明性都比较好，单靠人耳的听觉系统很检测出来，准确性比较低。

(2) 统计分析：将原始载体的理论期望频率分布和从可能是隐密的载体中检测到的样本分布进行比较，从而找出差别的一种检测方法。统计分析的关键问题在于如何得到原始载体数据的理论期望频率分布。

(3) 特征分析：由于进行隐写操作使得载体产生变化而产生特有的特征，这种特征可以是感官、统计或可度量的。通过度量特征分析信息隐藏往往还需要借助对特征度量的统计分析。

9.3　隐写分析评价指标

对于隐写分析技术的评价，这里仅讨论被动隐写分析方法的评价，可以采用 4 个评价指标：准确性、适用性、实用性和复杂度。

9.3.1 准确性

准确性指隐写分析算法的准确程度,是隐写分析最重要的一个评价指标,一般采用虚警率和检测率表示,两个指标的关系可以描绘成如图 9-1 所示的检测器接收操作特性(detector's receiver operating characteristic,ROC)二维平面。虚警率是把非隐藏信息误判为隐藏信息的概率,表示为 $\alpha=P$(隐藏信息|非隐藏信息);检测率是把隐藏信息正确判为隐藏信息的概率,表示为 $\beta=P$(隐藏信息|隐藏信息)。此外,还需要考虑漏报率,表示为 $\eta=1-\beta=P$(非隐藏信息|隐藏信息)。

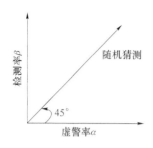

图 9-1 检测器 ROC 平面

隐写分析要求在尽量减少虚警率和漏报率的前提下取得最佳检测率。在虚警率和漏报率的减少无法兼顾的情况下,首先减少漏报率。

利用以上指标,可以得出全面衡量隐写分析准确性的指标全局检测率 $Pr=1-Pe$,其中 Pe 为平均错误概率。

$$Pe=(1-\beta)P(\text{隐藏信息})+\alpha P(\text{非隐藏信息})$$
$$=\eta P(\text{隐藏信息})+\alpha P(\text{隐藏信息})$$

当 $\alpha=\beta$ 即点 (α,β) 落在图的 $45°$ 对角线上时,全局检测率为 50%,属于随机猜测,也即瞎猜,此时隐写分析检测器无效。当全局检测率达到 85% 以上,可以认为检测器性能良好。

9.3.2 适用性

适用性是指检测算法对不同嵌入算法的有效性,可由检测算法能够有效监测多少种、多少类隐写算法或嵌入算法来衡量。

9.3.3 实用性

实用性指检测算法可实际推广应用的程度,可由现实条件是否允许、检测结果是否稳定、自动化程度的高低和实时性等来衡量。其中实时性可以用隐写分析算法进行一次隐写分析所用时间来衡量,用时越短则实时性越好。

9.3.4 复杂度

复杂度是针对隐写分析算法本身而言的,可由隐写分析算法实现所需要的资源开销、软硬件条件等来衡量。

到目前为止,还没有人给出准确性、适用性、实用性和复杂度的定量度量,只能通过比较不同检测算法之间的实现情况和检测效果得出一个相对的结论。

参考文献

[1] 周继军. 信息隐藏逆向分析研究 [D]. 北京：北京邮电大学，2005.

[2] Osman H K，Emrah Y，Avcba S. Speech Steganlysis Using Chaotic-Type Feaatures. Proceedings of 13th European Signal Processing Conference，Antalya，2005.

[3] Hamza C，Bülent S，Nasir M，et al. Detection of Audio Covert Channels Using Statistical Footprints of Hidden Messages. http://www. sciencedirect. com.

[4] Zeng Wei，Ai Haojun，Hu Ruimin，et al. An Algorithm of Echo Steganalysis Based on Bayes Classifier. IEEE International Conference，Information and Automation，2008；1667-1670.

[5] 刘粉林，刘九芬，罗向阳，等. 数字图像隐写分析. 北京：机械工业出版社，2010.

[6] 葛秀慧，田浩，郭立甫，韩缇文，等. 信息隐藏原理及应用. 北京：清华大学出版社，2008.

第 10 章 DCT 域音频隐写分析算法

10.1 引 言

当前,针对 DCT 域的专用隐写分析算法主要是以图像为载体,针对音频 DCT 域专用隐写分析算法比较匮乏,现有的文献中几乎没有提及。对图像载体的很多隐写分析算法可作为音频隐写分析算法的参考,但音频隐写分析算法具有自己的一些特点。本节先了解一下当前的基于图像 DCT 域隐写分析算法。

JPEG 图像压缩采用二维 DCT 变换,因此很多 JPEG 图像的信息隐藏算法采用在 DCT 系数中嵌入秘密信息。比如网络上非常容易就能下载的 Jsteg,JPHide,OutGuess 和 F5 等隐写软件[1],这些隐写软件都非常容易的实现了 JPEG 图像信息隐藏。

Jsteg 方法将秘密信息嵌入在量化后的 DCT 系数的 LSB 上,但是原始值为 -1, 0,1 的 DCT 系数除外。提取秘密信息时,也只需要将含密图像中不等于 -1,0,1 的量化 DCT 系数的 LSB 取出即可[2]。由于 Jsteg 信息隐藏仅仅在不等于 -1,0 和 1 的 DCT 系数上嵌入信息,因此信息隐藏的容量比较小。为了克服这个缺点,Chang 等[3]提出一种基于量化表调整的信息隐藏方法。该方法将原始图像分块,并在每一个小块中进行二维 DCT 变换,然后对 DCT 系数进行量化,但不采用标准的量化表,而是采用一个自定义的量化表,修改量化表中对应的中、高频分量的量化步长,然后将秘密信息隐藏在图像的中、高频系数上。一般来说,JPEG 图像的 DCT 系数有以下两个特征:(1)DCT 系数的绝对值越大,其对应直方图的值就越小,即出现的频率越低;(2)随着 DCT 系数绝对值的升高,其出现次数下降的幅度减少。信息隐藏算法尽量不改动这些特征。F5 隐写算法就能满足这些特征。F5 隐写算法具有较高的抗检测性,该算法选取载体 DCT 系数的方式和编码方式不同寻常。采用混洗 DCT 系数的方式,混洗的方法作为密钥。在编码方面,F5 算法采用矩阵编码隐藏秘密信息。

所有这些基于 JPEG 图像的隐写都会引起隐写图像某些特征的变化,Provos

等[2]在 Pfitzmann 和 Westfeld 的直方图攻击算法基础上扩展开发出了可检测 JSteg 和 JPHide 隐写图像的隐写分析算法。Fridrich 等[4]提出了针对 OutGuess 的隐写分析算法,Fridrich[5]针对基于平方误差最小准则的 F5 的隐写分析算法。

韩晓东等[6]分析了 JPEG 图像 F5 隐写算法嵌入后产生收缩效应的原因,发现 JPEG 图像 8×8 分块内 Zig-Zag 扫描顺序下两个相邻频率位置 0,1 系数组合在嵌入前后发生了不同程度的变化。在此基础上提取了基于同一分块内、水平和垂直相邻的两个分块内相邻频率位置 0,1 系数组合差异的 12 维特征,并运用支持向量机进行分类。实验结果表明,文章算法实现了 F5 算法的有效分析和检测。

赵永宽等[7]针对 Jsteg、MB、OutGuess 三种 JPEG 图像提出隐写分析算法,提出了一种基于 DCT 域最低位平面量子位的隐写分析算法。该算法通过分析 JPEG 图像隐写前后子块 DCT 域最低位平面量子位叠加系数的变化,提取该量子位 16 个叠加系数作为特征向量,之后用 LSSVM 分类器对待测图像进行分类,最终达到检测隐写图像的目的。实验表明,该算法能有效地对 JPEG 图像进行隐写分析,同时对低嵌入比例下的隐写图像也能达到较高的检测率。

黄聪等[8]提出一种新的针对 JPEG 图像的通用隐写分析方法,该方法直接提取 DCT 系数,利用共生矩阵去挖掘出块中低频系数的相关性,最后形成 120 维特征并用 SVM 进行分类。针对安全性较高的 JPEG 类嵌入方法进行隐写分析,实验表明,算法性能较好。

Manikopoulos C 等[9]提出一种以水印图像和非水印图像的 Block-DCT 变换系数的差异作为特征向量,然后用神经网络对图片进行分类,从而判断图像是否为隐写图像。

史经业等[10]提出了一种基于图像 DCT 系数统计特性的隐写分析算法。首先,根据一幅样本图像相邻像素之间的相关性预测一幅图像,然后对这两幅图像进行 8×8 分块,在每一个分块中,假设 DCT 交流系数服从广义高斯分布,其参数可以根据最大似然函数法计算出来。最后,计算样本图像及预测图像高斯参数的均值和方差作为一个四维的特征向量输入到支持向量机(SVM)分类器中进行分类。经过大量实验表明,所提出的隐写分析算法具有较高的检测性能。

王勇等[11]给出了一种基于 DCT 系数多方向相关性的图像信息隐藏检测方法。首先利用 DCT 系数多方向相关性构造差值彼邻相关矩阵,然后利用此矩阵提取 48 维特征向量,最后使用支持向量机(SVM)区分自然和隐写图像。该方法实验效果较好。

孙子文等[12]提出高阶统计方法检测 JPEG 图像隐写。运用了 JPEG 块内、块间系数间的相关性。使用量化分块 DCT 系数绝对值之差生成水平、垂直和 Zig-Zag 方向的块内、块间差分数组,采用马尔可夫过程模拟差分数组,提取二阶统计量(差分数组转移概率矩阵)为隐写分析特征向量。

徐志杰等[13]提出了一种基于 DCT 域统计特征的 JPEG 图像隐写分析算法。该算法在分析 JPEG 图像的 DCT 域统计特性的基础上,提取了 8 维特征向量,通过 LSSVM 分类器对待测图像进行分类,以达到检测隐写图像的目的。

钱萍等[14]提出一种基于图像的 DCT 域差分直方图的隐写分析方法,通过对图像 DCT 域差分直方图频谱的分析提出了一种全新的检测 DCT 域信息隐藏的方法。该方法简单有效,具有较高的检测正确率和较快的检测速率。对 DCT 域连续隐藏、随机隐藏和抗直方图攻击的隐藏均有很好的检测效果,可用于实时检测。

温泉等[15]在 2007 年提出一种 DCT 域音频水印算法,该算法利用 DCT 变换后的 DC 直流系数数据正负性不易改变的特性,通过调整音频文件的正、负 DCT 直流系数的个数差来嵌入秘密信息,该水印算法可以在鲁棒性与透明性之间达到较好平衡。本章在分析该算法原理的基础上,分析得出隐写算法改变了分段信号的均值,使得均值为正值和负值分段的数目满足一定规律,这样就改变了 DCT 直流系数符号的统计特性。基于此特性,本章提出一种 DCT 域音频隐写分析算法——差值比例隐写分析算法,它利用二次隐写后均值为正的分段总数和均值为负的分段总数的差值比例来判断音频是否为隐写音频。

10.2　DCT 域音频水印算法

温泉等[15]提出一种 DCT 域音频水印算法,该算法原理如下:预嵌入的 L bit 长的二值水印序列为 $WM(i)=\{1,-1\}, i=1,2,\cdots,L$,将一段音乐作品截取其中 length 个采样点作为原始音频信号 $x(t)$,以 N 个点作为一帧信号进行一维 DCT 变换,每 M 帧嵌入 1 bit 水印信息。

$$LM=\frac{\text{length}}{N}$$

嵌入水印过程需要分别对每一帧信号进行一维 DCT 正反变换,原始音频信号共分为 LM 帧,每帧的长度为 N。为讨论方便,对每一帧信号的一维 DCT 变换后系数引入下面的公式来表示:

$$F(n)=\{F_i(n)\,|\,i=1,2,\cdots,\text{length}/N\}, n=1,2,\cdots,N$$

其中 $F(1)$ 为 DC 直流系数,余者均为 AC 交流系数。

水印算法嵌入步骤如下。

第一步:$F(1)$ 分为 L 个分段,每段长度为 M,每段嵌入 1 bit 水印信息,记为:

$$FDC_i(k), i=1,\cdots,L, k=1,\cdots,M$$

第二步:调整 $FDC_i(k)$ 中正负数的个数嵌入水印信息。令 $FDC_i(k)^+$ 表示 $FDC_i(k)$ 中正数的个数,而 $FDC_i(k)^-$ 表示负数的个数,同时 D 表示水印嵌入的强度。

如果 $WM(i)=1$，则修改 $FDC_i(k)$ 中数据的正负性，使其满足下式：

$$FDC_i(k)^- - FDC_i(k)^+ > D$$

反之，则修改 $FDC_i(k)$ 中数据的正负性，使其满足下式：

$$FDC_i(k)^+ - FDC_i(k)^- > D$$

为尽量不影响增加水印信息后音频信号的质量，从 $FDC_i(k)$ 绝对值最小的数开始修改，将调整后的 $FDC_i(k)$ 记为 $FDC_i(k)^*$。

第三步：对调整后的 DCT 系数进行逆变换得到时域的含水印音频信号 $x(t)^*$。

10.3　音频 DCT 域隐写分析算法

10.3.1　差值比例隐写分析算法

对上述隐写算法分析可以发现，隐写过程需要调整 DCT 直流系数符号来嵌入秘密信息，隐写算法改变了原始音频的 DCT 直流系数，根据下述公式：

$$y(1) = \frac{1}{\sqrt{N}}\sum_{n=1}^{N} x(n)\cos\frac{\pi(2n-1)(k-1)}{2N} = \frac{1}{\sqrt{N}}\sum_{n=1}^{N} x(n)$$

隐写算法改变了分段信号的均值，使得均值为正值和负值分段的数目满足一定规律，这样就改变了 DCT 直流系数符号的统计特性。

为描述方便，以下简称均值为正的分段总数为 NPMF（Number of Positive Mean Fragments），均值为负的分段总数为 NNMF（Number of Negative Mean Fragments），简称均值为正、负的分段数目差值比例为 DR（Difference Ratio），定义 DR 为：

$$DR = \frac{|NPMF - NNMF|}{\min(NPMF, NNMF)}$$

本章提出一种针对该隐写算法的专用隐写分析算法，称为"差值比例隐写分析算法"，利用差值比例来判断音频是否为隐写音频。根据隐写算法原理，音频经过隐写后均值为正值、负值的分段数量趋于相等，因此隐写后的 DR 值会小于隐写前的 DR 值。如果对所有待检测音频进行二次隐写，因隐写音频第一次隐写后均值为正值、负值的分段数量已经比较接近，因此隐写音频经过二次隐写后均值为正值、负值的分段数量变化幅度没有自然音频变化的幅度显著。计算二次隐写前后 DR 值的比例，自然音频的二次隐写前后的 DR 值的比例明显高于隐写音频隐写前后的 DR 值的比例，通过设定一个 DR 比例的阈值来判断待检测音频是否为隐写音频。

10.3.2 实验与性能分析

在此信息隐藏算法中,有几个关键的参数。Frag 表示音频分段大小,取值可为 512、256、128 和 64 等。LEN 表示分组大小,也就是分段后每一组音频的个数,表示多少个音频分段隐藏 1 bit 位的水印信息,取值可以是 10,也可以是 5。隐写强度 D 表示水印嵌入强度,D 的取值为 $\lceil \text{LEN}/2 \rceil$。整个音频可以隐藏信息的个数为 $\lfloor 音频长度/Flag/LEN \rfloor$。

10.3.2.1 测试样本集

用于隐藏秘密信息的音频载体,话音内容应尽可能自然,从形式上不容易引起窃听者和恶意攻击者的怀疑,同时用于测试的音频文件应该具有广泛的代表性,必须包含男声、女声、老年和青壮年等各种类型音频。

用于测试的样本集合中待检测音频为 72 个采样率为 8 000 Hz,16 位编码的单声道音频文件,这些音频文件包括男声、女声和对话等。这 72 个音频文件中有 36 个原始音频文件和 36 个隐写音频文件。这 36 个隐写音频文件隐写时采用的参数为:分段长度为 256,每组包含 10 个分段,每 10 分段隐藏 1 bit 秘密信息,隐写强度 D 为 5。

10.3.2.2 性能指标

为对隐写分析算法的性能进行描述,下面我们介绍隐写分析算法的性能指标。隐写分析的评价指标主要有正确率、虚警率和漏检率。

N 为一次测试时自然音频和隐写音频总个数,也就是测试样本集的大小;N_T 为正确将自然音频判为自然音频、隐写音频判为隐写音频的个数;N_{FP} 为将自然音频错误判决为隐写音频的个数;N_{FN} 为将隐写音频错误判决为自然音频的次数;N_F 为错误判决总个数,值为 $N_{FP} + N_{FN}$。R_T 为正确率,计算方法为 $R_T = \dfrac{N_T}{N}$;R_{FP} 为虚警率,计算方法为 $R_{FP} = \dfrac{N_{FP}}{N}$,$R_{FN}$ 为漏检率,计算方法为 $R_{FN} = \dfrac{N_{FN}}{N}$,$R_F$ 为错误率,错误率为虚警率和漏检率之和,计算方法为 $R_F = \dfrac{N_F}{N} = R_{FP} + R_{FN}$。

隐写分析的目标是判断待检测载体是否为隐写载体,因此要求在尽量减少虚警率和漏检率的前提下取得最佳检测率。但是当虚警率和漏检率的减少无法兼顾的情况下,首先考虑减少漏检率。

10.3.2.3 实验与结果分析

本隐写分析算法通过 DR 的比值和阈值比较来判断音频是否是隐写音频。经过大量的实验得到本隐写分析算法的阈值为 16 时隐写分析算法性能最佳。下面我们就要利用阈值 16 来对待检测音频进行检测实验以判断哪些音频为隐写音频。

隐写分析步骤如下：

第一步，计算所有待检测音频的 DR 值，记为 DR1；

第二步，对所有待检测音频进行二次隐写，二次隐写时的参数为每 128 个样点为一帧，每 5 帧隐藏 1 bit 信息，隐写强度为 3；

第三步，计算所有音频二次隐写后的 DR 值，记为 DR2；

第四步，得到 $Q=DR1/DR2$；

第五步，比较 Q 和阈值 T，当 Q 值大于等于阈值 T 时，判决音频文件为自然音频，当 Q 值小于阈值 T 时，判决音频文件为隐写音频。实验结果如表 10-1 所示。

表 10-1　72 个音频文件隐写分析的 Q 值

18.81	3.49	10.03	15.58	25.00	21.76
29.64	8.91	159.81	6.26	41.65	14.97
1 111.92	5.33	27.05	4.21	16.21	11.99
39.90	11.75	17.20	197.54	26.03	6.44
38.65	5.08	22.28	12.29	16.12	24.01
33.99	46.46	17.78	10.96	19.44	8.54
21.97	5.77	21.61	3.29	12.91	2.33
21.08	4.89	20.49	5.90	5.62	1.65
51.79	17.31	7.58	2.92	3.00	1.99
45.17	13.54	24.50	5.22	1.97	0.57
12.44	21.80	22.14	0.39	0.36	1.63
29.31	8.16	16.78	0.77	18.66	10.39

当阈值 T 取值为 16 时，得到的实验结果如图 10-1 所示。图 10-1 显示阈值为 16 时该隐写分析算法的判决情况。图 10-1 中，横轴为音频文件序号，此实验中共有 72 个待检测音频文件，纵轴为 Q 值。蓝色点表示自然音频，红色点表示隐写音频，绿色实线表示阈值。

为方便观察，我们把过大的 Q 值取值为 30，同时将音频排序，前 36 个文件为没有隐写的自然音频，后 36 个文件为隐写音频。通过图可以看出前 36 个自然音频文件中有 28 个音频文件的 Q 值大于阈值，判断为自然音频文件，有 8 个自然音频的 Q 值小于阈值，这 8 个自然音频文件被误判；后 36 个隐写音频文件中有 30 个隐写音频文件的 Q 值小于阈值，判断为隐写音频，有 6 个隐写音频文件的 Q 值大于阈值，这 6 个隐写音频文件被漏判；在待检测的 72 个音频中，正确判决的音频文件个数为 58 个，正确率为 80.6%；错误判决的音频个数为 14 个，错误率为

19.4％。其中漏检率为 6/72＝8.3％,虚警率为 8/72＝11.1％。

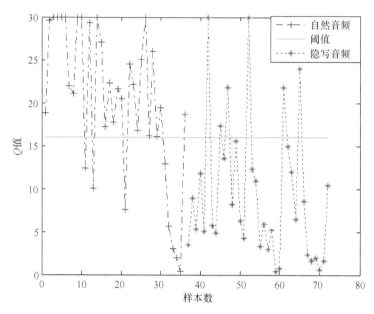

图 10-1　阈值 T 为 16 时的实验结果分析图

10.4　本章结语

温泉等[15]在 2007 年提出一种 DCT 域音频隐写算法,该隐写算法能在鲁棒性和透明性之间达到较好平衡,但该隐写算法隐藏的秘密信息量较小,因此隐写分析的难度较大。

本章在分析算法原理的基础上,指出隐写过程改变了 DCT 直流系数符号的统计特性,隐写后,DCT 直流系数符号的规律性增强,据此提出一种差值比例隐写分析算法,该算法计算均值为正和负的分段数目差值比例,记为 DR(Difference Ratio)。

利用差值比例来判断待检测音频是否为隐写音频。

检测的方法是对所有待检测音频进行二次隐写,因为音频经过隐写后均值为正值、负值的分段数量趋于相等;隐写音频第一次隐藏信息后均值为正值、负值的分段数量已经比较接近,隐写音频经过二次隐写后均值为正值、负值的分段数量变化幅度没有自然音频变化的幅度明显,因此自然音频的均值为正值、负值的分段数量比值远远大于隐写音频均值为正值、负值的分段数量比值,通过比值和阈值之间大小的比较来判断音频文件是否为隐写音频。

经过大量的实验得到本隐写分析算法的阈值为 16 时隐写分析算法性能最佳。本算法中利用阈值 16 对测试样本集进行检测实验。实验表明,在 72 个待检测文件中,算法能准确地判别其中 58 个文件是否经过隐写,准确率为 80.6%,虚警率为 11.1%,漏检率为 8.3%。

但是此隐写分析算法有很多不足的地方:首先这个隐写分析算法不是一个通用的隐写分析算法,此隐写分析算法仅仅可以针对 10.2 节中提出的隐写方法进行检测,不适用于其他音频 DCT 域的隐写算法。因此后续的工作将继续研究音频 DCT 系数的特点,争取找出音频中 DCT 系数特点设计一个通用的 DCT 域音频隐写分析算法。其次该算法在实验过程中需要对所有待检测音频进行二次隐写,二次隐写音频文件分段的个数较多,需要对每段音频文件嵌入秘密信息,二次隐写需要的时间非常长,此缺点一方面导致无法对大量的音频文件进行检测实验,同时该算法也不适合音频的实时隐写分析。

参考文献

[1] Niels P, Peter H. Hide and Seek: An Introduction to Steganography. IEEE SECURITY&PRIVACY, 2003, 1540-7993(03): 32-44.

[2] Hsu C T, Wu J L. Hidden Digital Watermarks in Images. IEEE Transactions on Image Processing, 2002, 8(1): 58-68.

[3] Chang C C, Chen T S, Chung L Z. A Steganographic Method Based upon JPEG and QuantizationTable Modification. Information Science, 2002, 141(1): 123-128.

[4] Jessica F, Miroslav G, Dorin H. Attacking the OutGuess. Proc. of the ACM Workshop on Multimedia and Security, 2002, December.

[5] Fridrich J, Goljan M, Hogea D. Steganalysis of JPEG Images: Breaking the F5 Algorithm. 5th Information Hiding Workshop, 2002, October.

[6] 韩晓东,平西建,张涛. 基于 0,1 系数组合差异的 F5 隐写分析算法. 信息工程大学学报, 2009, 10(2): 184-187.

[7] 赵永宽,蔡晓霞,陈红. 基于 DCT 域最低位平面量子位的隐写分析. 通信对抗, 2010, 109(1): 20-22.

[8] 黄聪,宣国荣,高建炯,等. 基于 DCT 域共生矩阵的 JPEG 图像隐写分析. 计算机应用, 2006, 12(26): 2863-2865.

[9] Manikopoulos C, Shi Y Q, Song S, et al. Detection of Block DCT-Based Steganography in Gray-Scale Images. Multimedia Signal Processing, 2002, 12(1): 355-358.

［10］史经业，赵耀，倪蓉蓉. 基于 DCT 系数统计特性和支持向量机的图像隐写分析. 东南大学学报，2007，37(增刊)：119-122.

［11］王勇，刘九芬，张卫明. 基于 DCT 系数多方向相关性的信息隐藏盲检测方法. 计算机应用，2009(9)：2344-2347.

［12］孙子文，纪志成. 基于离散余弦变换域的块相关性和马尔可夫模型的图像隐写分析. 信息与控制，2009(10)：602-607.

［13］徐志杰，蔡晓霞，陈红. 基于 LSSVM 的 JPEG 图像信息隐藏盲检测算法. 火力与指挥控制，2010，8(35)：121-124.

［14］钱萍，陈丽亚，李建华. 基于图像 DCT 域差分直方图的隐写分析方法. 信息安全与保密通信，2005(8)：106-108.

［15］温泉，王树勋，年桂君. DCT 域音频-水印算法和不可感知性测度. 电子学报，2007(9)：1703-1705.

第 11 章 基于回声隐藏的隐写分析算法

音频隐写利用人耳对音频载体感觉的冗余在音频中嵌入秘密信息,隐写算法具有一定的透明性,虽然隐写过程不能显著改变载体的感知特性。但是在对音频文件嵌入秘密信息的过程不可避免的改变了载体的某一种或者某几种特征。隐写分析的分析者利用隐写产生的统计特征或者是隐写引起的载体某一种特征变化,来估计或者判断载体是否隐藏了秘密信息。

目前,针对音频回声的隐写分析算法较少。只有 Hamza Ö 等[1]提出的算法对回声隐藏音频进行检测。该算法根据自然音频与其去噪信号间差异统计分布有别于隐写音频与其去噪信号间差异统计分布来进行隐写分析和检测。该算法选用语音压缩编码客观评估指标 LAR(log-area ratio)、MBSD(modified bark spectral distortion)和 WSSD(weighted slope spectral distance)等作为代选检测指标,并使用方差分析等技术从中选择关键指标,最后使用 SVM 技术构建分类器以检测隐写音频。但此算法是与具体隐写算法无关的通用隐写分析算法,实际上该算法为各个隐写算法分别构建专用分类器。但分析回声隐藏音频时,没有指明隐写参数,而不同的隐写参数对基于回声隐藏的隐写分析难易程度有着重要影响。为了克服这一缺点,本章基于回声隐藏引起的倒谱自相关分布的变化这一原理,设计一种新的针对回声隐藏的专用隐写分析算法。

11.1 引 言

11.1.1 回声隐藏算法简介

回声隐藏算法是一种经典的信息隐藏算法,其思想是 Bender W 等[2]在 1996年提出来的,该方法使用单位冲击信号构成的系统在原声中引入回声,并把这个系统称为"核",后续研究沿用了这个提法。诸多声学实验证实人耳对一个声音的听觉感受,受到其他声音的影响,表现为在一个较强的声音附近,较弱的声音听不见。

这个较强的声音称为掩蔽者,较弱的声音称为被掩蔽者。被掩蔽者的最大声压级称为掩蔽门限或者掩蔽阈。掩蔽效应分为同时掩蔽和异时掩蔽两种。同时掩蔽(simultaneous masking)指掩蔽现象发生在掩蔽者和被掩蔽者同时存在时,也称为"变换域掩蔽"。异时掩蔽的掩蔽效应发生在掩蔽者和被掩蔽者不同时存在时,也称为"时域掩蔽"。回声隐藏系统中利用的是时域隐藏,时域掩蔽又分为前掩蔽(pre-masking)和后掩蔽(post-masking)。前掩蔽是指在强的掩蔽声音出现之前的 5～20 ms 时间内,被掩蔽声音不可听。后掩蔽是指在强的掩蔽声音消失后的 50～200 ms 时间内,被掩蔽声音不可听。

引入回声的数字音频信号可表示为 $y[n]=s[n]+\lambda s[n-m]$。其中 $y[n]$ 是加入回声后的音频信号,$s[n]$ 是原音频信号,λ 为回声的幅度系数,m 为延时参数。λ 为 0～1 之间的正数,m 一般表示回声信号滞后于原始信号的样点间隔。载体数据和经过回声隐藏的隐写数据对于人耳来说,前者就像是从耳机里听到的声音,没有回声。而后者就像是从扬声器里听到的声音,由所处空间诸如墙壁、家具等物体产生的回声。

因此,回声隐藏与其他方法不同,它不是将秘密数据当做随机噪声嵌入到载体数据中,而是作为载体数据的环境条件,因此对一些有损压缩的算法具有一定的鲁棒性。同时,它在嵌入秘密信息时,寻求原始语音载体的最小失真,使得载体信号的改变尽量不被感知,尽管引入回声的方法必然会导致载体音频信号的失真,但是从掩蔽特性可以得知:只要选择合理的回声参数 λ 和 m,附加的回声就很难被人类的听觉系统所察觉。此类算法的特点是透明性较好,检测水印信息的时候不需要原始水印,但是提取水印相对比较困难。

典型的回声隐藏是延时回声隐藏,该方法是基于人类听觉系统的时域后掩蔽特征,在原始语音中引入具有适当回声参数的回声信号,从而达到隐藏秘密信息的目的。

11.1.2　回声隐藏的嵌入算法

回声隐藏嵌入算法[2]的过程如下,如图 11-1 所示。

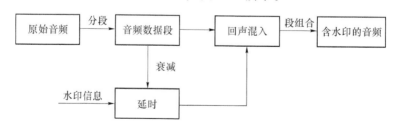

图 11-1　回声隐藏嵌入算法流程

（1）首先将音频采样数据文件分成 N 个样点子帧，子帧的时长可以根据隐藏数据量的大小划分，一般时长从几 ms 到几十 ms，每个子帧隐藏 1 bit 的秘密信息。

（2）其次需要定义两种不同的回声时延 $m0$ 和 $m1$（其中 $m0$ 和 $m1$ 均要求远小于子帧时长 N）。当秘密信号比特值为 0 时，回声时延为 $m0$；当秘密信号比特值为 1 时，回声时延为 $m1$；由 HAS 的时域后掩蔽特性可知，对于回声时延的大小是有限制的。一般情况下，回声时延的取值一般在几 ms 到几十 ms 之间。这个值在具体的实验环境中差别很大，视具体的情况而定。过小会增加嵌入信息恢复的难度，过大则会影响隐藏信号的不可感知性。同时，回声的幅度系数 λ 的取值也需要精心选择，其值与信号传输环境和时延取值有关。

（3）将载体信号的每个子帧按照公式 $y[n]=s[n]+\lambda s[n-m]$ 产生回声信号 $y[n]$。

11.1.3　回声隐藏提取算法

回声隐藏算法的最大难点在于嵌入秘密信号的提取，其关键在于回声间距的测定。由于回声信号是载体音频信号和引入回声信号的卷积，因此在提取时需要利用音频信号处理中的同态处理技术，利用倒谱相关测定回声间距。在进行提取时，必须要确定数据的起点并预先得到子帧的长度、时延 $m0$ 和 $m1$ 等参数值。

回声隐藏提取算法的过程如图 11-2 所示：

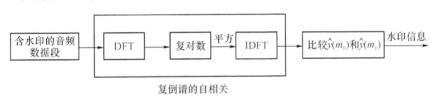

图 11-2　回声隐藏提取算法流程

（1）将接收到的数据按照预定的时长划分子帧。

（2）求出各段的倒频谱自相关值，比较 $m0$ 和 $m1$ 处的自相关幅值 $F0$ 和 $F1$，如果 $F0$ 大于 $F1$，则嵌入比特值为"0"；如果 $F1$ 大于 $F0$，则嵌入比特值为"1"。

在实际的使用中，为了提高分段点音频信号的隐藏数量，回声隐藏算法可表示为：

$$y_k[i]=x_k[i]+m0_k[i]x0_k[i]+m1_k[i]x1_k[i]$$

其中，$x[n]$ 表示原始语音，$x0[n]=x[n]\otimes(\delta[n]+\alpha\delta[n-d_0])$ 和 $x1[n]=x[n]\otimes(\delta[n]+\alpha\delta[n-d_1])$（$\alpha$ 表示回声相对于原始语音的衰减，d_0 和 d_1 是回声相对于原声的延迟，分别代表 0,1 信号）表示叠加了单一回声的语音。$y_k[i]$ 表示相应信号第 k 段第 i 个样点，例如 $y_k[i]$ 表示携密语音（嵌入了秘密信息后的语音）

第 k 段第 i 个样点。$mj_k[i]\{j=0,1\}$ 是加权信号,其定义如下:

$$\begin{cases} m0_k[i]=1,m1_k[i]=0,若\ d(k)=0 \\ m0_k[i]=0,m1_k[i]=1,若\ d(k)=1 \end{cases}$$

即如果第 k 个分段要隐藏秘密信息 0,则对于该分段所有样点,$m0_k[i]$ 恒为 1,$m1_k[i]$ 恒为 0,否则相反。

接收端要提取秘密信息就必须判断回声延迟,Bender W[2] 提出复倒谱自相关法。一段信号的复倒谱信号定义如下:

$$\hat{x}(n)=\text{IFFT}[\ln(\text{FFT}(x(n)))]$$

隐写语音的复倒谱 $\hat{x}(n)$ 在回声延迟处会出现极大值。由于每个分段可能的回声延迟只有 2 个,所以只需比对 $\hat{x}(n)$ 在 2 个回声延迟处的幅值大小就能提取出秘密信息。为了进一步去除干扰,可以对 $\hat{x}(n)$ 求取自相关后再进行比较。由于复倒谱计算需要解决复对数问题,计算复杂,实际计算中也常用实倒谱作为替代算法,下章中不再加以区别,统称两类算法为倒谱算法。

回声隐藏算法的优点在于具有非常好的隐藏效果并且具有较好的抗攻击能力,对于一般的音频信号处理操作,如加噪、滤波、重采样和压缩等都具有较好的鲁棒性;但该方法的弱点也非常明显,嵌入容量较小,且计算量比较大。

杨榆等[3] 提出基于倒谱的回声隐藏方法,该算法结合窗函数技术,提高了数据恢复率。在此基础上,提出多位置隐藏算法,提高隐藏容量,在采样率为 44 100 Hz 条件下,每秒能够隐藏 346 bit 信息。

回声隐藏算法鲁棒性较强,对信号同步性能要求不高,是语音保密通信的理想算法,然而迄今为止没有针对回声隐藏的专用隐写分析算法。

11.2　回声隐藏分析算法

本章基于回声隐藏引起的倒谱自相关分布的变化这一原理,设计一种新的针对回声隐藏的隐写分析算法。

回声隐藏改变了自然音频的倒谱分布,本章构造倒谱和的差分方差统计量反映隐写对自然音频的影响,倒谱和的差分方差统计量的英文为 variants of difference of sum of cepstrum,在本章中,我们简称这个算法为 VDSC 算法。VDSC 简记为 V,V 的定义如下:

$$V=\underset{[lb,ub]}{\text{var}}\left[\frac{\mathrm{d}^2}{\mathrm{d}i^2}\Big(\sum_{k=0}^{N-1}\hat{x}_k(i)\Big/N\Big)\right],i=0,\cdots,M-1$$

其中,$\hat{x}_k(i)$ 代表语音复倒谱第 k 个分段样点,每个分段长为 M。$N=\lfloor\text{AudioFile-Length}/M\rfloor$ 为音频文件分段总数,即 VDSC 为 N 个分段复倒谱之和的数学平均的二阶导数的方差。

11.2.1　原　　理

回声隐藏的 VDSC 隐写分析算法是基于音频的以下 3 个特点：

（1）回声语音倒谱在回声延迟位置处会出现峰值，而自然音频在特定区域近似噪声，两类音频 VDSC 值分布不同，我们把特点 1 称为音频 VDSC 值分布不同；

（2）对于自然音频，改变检测位置和分段大小计算所得 VDSC 值变化不大，我们把特点 2 称为自然音频 VDSC 不变特性；

（3）对于隐写语音，改变检测位置和分段大小计算所得 VDSC 有显著区别，我们把特点 3 称为隐写音频 VDSC 变化特性。

11.2.1.1　音频 VDSC 值分布不同

回声语音倒谱在回声延迟位置处会出现峰值，而自然音频在特定区域近似噪声，两类音频 VDSC 值分布不同的特点，由回声隐藏算法原理可知隐写语音倒谱域在回声延迟处会出现峰值，而需要说明的是自然音频的倒谱域分布情况。回声隐藏利用了人耳时域掩蔽效应，当回声和原声足够接近时，原声能够掩蔽回声。Lu Chunshien[4] 指出要保证回声不可察觉，回声延迟应在 $0.9 \sim 3.4$ ms 之间。鉴于隐写分析针对的目标是难以通过感官分析察觉的隐写音频，因此将上述区域设定为观察区域。

为了观察音频 VDSC 值分布不同，我们进行了一个实验，该实验语音分段长度为 1 024，延迟 8 个样点为隐藏信息 0，延迟 18 个样点为隐藏信息 1。

根据音频信号处理知识，在这段区域语音倒谱值近似于噪音，如图 11-3 所示。图中实线为观测区域内，自然音频的 VDSC 曲线，虚线为隐写音频 VDSC 曲线，两条与纵轴平行的实线指示回声延迟位置。可以看出，自然音频与隐写音频 VDSC 有较大差别，分别为 2.4×10^{-4} 和 1.9×10^{-3}；隐写音频 VDSC 峰值与回声延迟位置一致。

VDSC 算法就是基于这一特点设计的。计算 VDSC 时首先要求取音频所有分段倒谱和的数学平均。对自然音频而言，每一分段倒谱峰值可能出现在上述区间的任意位置，因此各分段倒谱和相对平滑，没有明显波动；而对隐写音频而言，所有分段峰值必然在两个回声延迟之一处出现，所以，叠加各分段将突出回声延迟处峰值。为了进一步去除随机因素干扰，对倒谱和求二阶导数，这样，对于回声音频，在回声延迟处二阶导数小于 0，且其一阶导数近似为 0，而自然音频相对平滑，其二阶导数应该近似于 0，或在 0 附近有较小波动。采用方差来描述波动程度。

11.2.1.2　自然音频 VDSC 不变特性

检测分段指音频隐写分析算法是检测计算 VDSC 时所选用的分段大小，检测位置指分段起始位置与音频文件起始位置的偏移。对于自然音频，语音各类特性

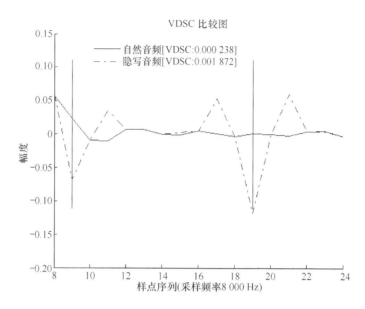

图 11-3　自然音频和隐写语音的 VDSC 对比

(基音周期等)由发音系统特性确定,不会随分段大小和检测位置发生变化,因此,在各类检测条件下,自然音频的 VDSC 基本不变。图 11-4 显示了在分段长度为512、1 024 和 2 048 情况下原始音频计算 VDSC 值以及倒谱和二阶差分曲线,从图11-4 中可以看出,不同的分段值大小不会对 VDSC 的值产生显著影响。

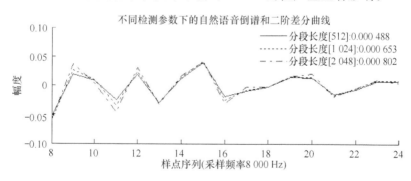

图 11-4　不同检测参数下的自然音频倒谱和二阶差分曲线图

11.2.1.3　隐写语音 VDSC 变化特性

对于待检测音频在进行隐写分析的时候,无法得知隐写时所使用的分段长度,这样隐写时所使用的分段长度可能和检测时所使用的分段长度不一致。比如可能存在隐写时以 1 024 为分段长度,而检测时以 512 为分段长度的情况。

而且对待检测音频进行隐写分析时,我们也无法得知隐写时隐藏的起始位置,也就是说音频隐写的时候和检测时候起始位置不同。比如隐写时候可能从距起始位置 340 个样点开始,而检测时并不知道隐写的时候是从距文件头起始位置 340 个样点开始隐藏信息,检测的时候直接从文件头开始计算。

这样,音频分析检测的很多条件与实际隐写时候的很多条件不一致,分段大小和起始位置不同,这样就会导致部份检测分段包含来自 2 个不同隐写分段的样点,而这 2 个隐写分段对应的延迟可能不同,不同延迟的倒谱必然相互干扰形成"谐波",因此隐写语音的 VDSC 会随参数变化而发生显著变化。

我们使用 512、1 024 和 2 048 三种值对音频进行分段后计算 VDSC 值以及倒谱和二阶差分曲线,实验同样采用延迟 8 个样点的时候隐藏 0,延迟 18 个样点的时候隐藏 1。实验结果如图 11-5 所示。

从实验结果的图中可以看出,在不同检测分段情况下计算得到的 VDSC 值以及倒谱和二阶差分曲线存在较大差别,特别是分段 1 024 条件下和分段 2 048 时计算所得 VDSC 不在一个数量级,差别比较大。图例中线型标示后的数值为相应 VDSC。

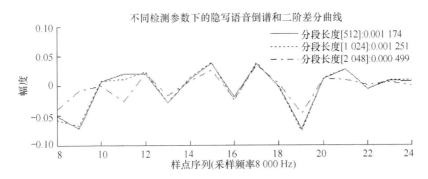

图 11-5　检测参数与实际参数不同时隐写语音 VDSC

11.2.2 一种新的隐写分析算法

11.2.2.1 算法描述

本节详细描述了根据上述 11.2.1 节介绍的特点设计的算法,隐写分析算法具体过程如下,如图 11-6 所示。

步骤一:在不同偏置条件下计算 VDSC,如果 VDSC 值有显著变化,则判定该语音为回声隐写音频;如果 VDSC 值没有显著变化,该语音有可能是自然音频,也有可能是隐写音频,此时检测分段与实际分段不一致,因此由检测位置不一致引起的 VDSC 的差别没有得到体现。如果不能马上判断是否为隐写音频,则进行第二步判断。

步骤二:观测待检测音频的 VDSC 值,如果 VDSC 值小于阈值 Thr_a,认为该音频为自然音频。但也有极少数自然音频 VDSC 值大于阈值 Thr_a,绝大多数隐写音

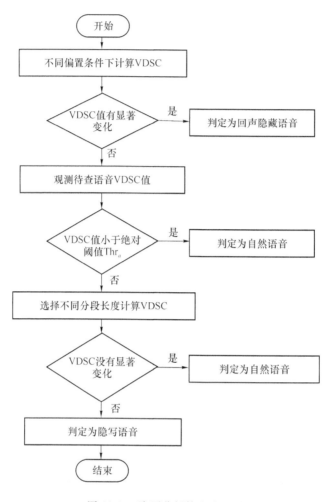

图 11-6 隐写分析算法流程图

频无论检测分段与实际分段大小差异如何,VDSC 值大于阈值 Thr_a。进行第三步判断。

步骤三:选择不同分段长度计算 VDSC 值,如果 VDSC 值没有显著变化,则认为该音频是自然音频,否则,认为该语音是隐写语音。

本隐写分析算法的关键参数有两个,第一个是步骤二中的阈值 Thr_a 的确定;第二个是步骤三中选择不同分段长度计算 VDSC 的时候,如何确定是否发生显著变化。

11.2.2.2 阈值参数的确定

阈值参数的确定非常重要,阈值 Thr_a 可通过统计自然音频的 VDSC 值确定,其计算式如下:

$$\mathrm{Thr}_a = \mathrm{mean}(V_i) + \alpha\mathrm{var}(V_i)$$

其中,$\mathrm{mean}(V_i)$ 表示若干段语音 VDSC 的均值,$\mathrm{var}(V_i)$ 表示若干段语音 VDSC 的方差,α 可取 $0,1,2,3,\cdots$ 值,α 值越大,阈值就会越大,漏检率越低,误判率越高。

11.2.2.3　显著变化参数的确定

"显著变化"描述不同条件下计算出的 VDSC 值的差异程度,与 VDSC 本身的大小有关。例如,若 $V = 0.000\,8$,则变化值 $0.000\,1$ 对其来说为显著变化,若 $V = 0.010\,0$,则上述变化即为微小变化。因此,算法定义显著变化为:

$$\max(\Delta V_{ij}) \geqslant \beta \min(V_i)$$

$$i,j \in \{0,1,2,\cdots,N-1\},\ i \neq j$$

V_i 为 N 类条件(偏置或分段大小)下计算所得 VDSC 值,ΔV_{ij} 为 N 个 VDSC 中任意两个不同 VDSC 差值的绝对值。上述判决条件可以表述为不同条件下计算所得 VDSC 的最大差值大于幅值最小的 VDSC 值的加权。加权 β 与 VDSC 的大小有关,VDSC 越小,β 越大。β 计算式为:

$$\beta' = 10^{\left\lfloor \lg\left(\frac{1}{\max(\mathrm{var}2d)}\right)\right\rfloor} \max(\mathrm{var}2d)$$

$$\beta = \begin{cases} 0.8, & \text{若 } \beta' \geqslant 1 \\ 0.5, & \text{若 } (1-\beta') \leqslant 0.5 \\ 1-\beta', & \text{其他} \end{cases}$$

11.2.3　测试音频文件的选择

我们进行算法实验时,测试音频文件的选择也非常重要,我们主要从以下几个方面来考虑。

11.2.3.1　自然音频的选择

(1)音频文件的类型。因为基音周期影响回声检测,而基音周期与发音人性别、年龄有关,因此测试音频应尽可能覆盖所有类型,包括男声、女声、老年、儿童和青壮年音频。

(2)音频文件的内容。用于信息隐藏的掩蔽音频,音频内容应尽可能自然,是日常经常使用的音频文件,这样才不容易引起窃听者和恶意攻击者的怀疑。

综上所述,本章实验选取了 26 个平均长度约 8 min,采样率为 8 000 Hz 的英语听力中的对话语音为测试音频。

将这 26 段音频分为 A、B 两组,每组 13 段音频。利用 11.2.2.2 节中介绍的公式统计 A 组音频的均值和方差确定阈值 Thr_a 为 1.3×10^{-3},利用 B 组中 13 段音频产生隐写音频。

11.2.3.2　隐写音频的选择

衡量任何一个音频隐写算法有两个性能指标,一个是算法的透明性,也就是隐藏秘密信息后对音频听觉效果产生的影响;二是算法的鲁棒性,也就是接收方提取隐藏秘密信息的准确程度。回声隐藏算法选择不同的隐写参数时,算法的透明性和鲁棒性会有很大差别,同时隐藏检测的难易程度也不同。

在回声隐藏隐写的过程中,其中最主要影响因素是叠加的回声强度。当叠加的回声强度大的时候,隐写后音频的透明性就比较差,也就是音频从听觉上感觉质量比较差,但是算法的鲁棒性非常好,保密通信接收方提取信息的误码率越低。对于音频信息隐藏算法,因为人耳听觉系统比较灵敏,因此必须在确保隐写音频文件透明性,也就是听觉质量的基础上,尽可能提高鲁棒性。如果透明性得不到保证,该算法的适用性较差。比如当回声隐藏的衰减系数定为 0.9 的时候,提取秘密信息非常容易,该算法的鲁棒性很强,但是从听觉效果上就能明显感觉到有回声,透明性很差,因此选择隐写参数的时候必须在透明性和鲁棒性之间达到平衡。

为了衡量算法的透明性,主观的方法是采用人耳去试听这些隐写音频,常用的评价指标是平均观点分(MOS),即测试者根据音频的好坏,来给音频打分。在回声隐藏算法中,主观的方法也是让诸多测试者根据自己的感觉来判断测试音频中是否采用回声隐藏算法隐藏了秘密信息。但是主观评价方法得到的结果和测试者的个体存在很大关系,因此在本章中采用了一种定量的评价方法,也就是采用噪声水平作为衡量隐写音频听觉质量的客观评价指标。

噪声水平的定义[5]为:

$$\sigma^2 = \frac{1}{N \mid S_{\max} \mid} \sum_{n=1}^{N-1} \left[s(n+1) - s(n) \right]^2$$

其中 $s(n)$ 为长度为 N 的音频样点,$S_{\max}$ 为样点的最大幅值。文献[2]指出隐写音频的听觉质量应该达到噪声水平小于 0.005。由于部份原始音频的噪声水平已经超过 0.005,所以选择隐写前后音频噪声水平的信噪比作为隐写音频听觉质量判决条件,当两者信噪比不小于 10 dB 时,回声隐写效果难以察觉。这是选择隐写音频文件的第一个参数条件。

为了衡量算法的鲁棒性,在本章中使用秘密信息恢复率表示鲁棒性。若秘密信息恢复率过低,提取的秘密信息和嵌入的秘密信息差别比较大,此时保密通信的效率太低,算法的鲁棒性太差,这样的音频不值得分析。因此,需要设置隐写音频的恢复率作为判断条件。考虑到隐写音频经过信道传输后,秘密信息恢复率还会降低,所以设置音频的恢复率作为挑选标准时秘密信息恢复率不低于 90%。

我们用 B 组 13 个音频在不同衰减系数(0.3~0.7,步长为 0.1)和三种分段(512、1 024、2 048)条件下生成隐写音频,从这些生成的隐写音频中挑选符合条件的隐写音频构成 C 组音频。挑选的条件为:原始音频和隐写音频噪声水平信噪比不低于 10 dB 且秘密信息恢复率不低于 90%,这样就能在音频隐写算法的透明性和鲁棒性之间取得平衡,从而确保隐写音频的听觉质量以及保密通信的可靠性。

满足这些条件的 C 组音频最终有 59 个文件。

11.3　实验和性能分析

使用本章中介绍的隐写算法对 A、B、C 三组共 85 段音频文件集合进行检测，这 85 段音频中有 26 段自然音频和 59 段隐写音频。实验结果如图 11-7、图 11-8 和图 11-9 所示。

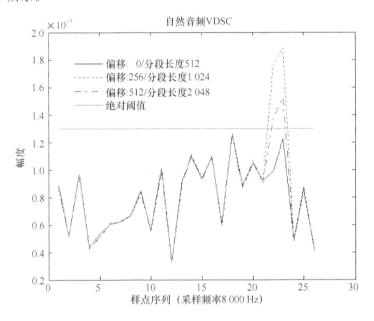

图 11-7　自然音频不同检测参数下 VDSC

图 11-7 为自然音频文件的实验结果，图中，横轴为音频文件序号，此实验中共有 26 个自然音频，纵轴为 VDSC 值。实折线对应不同音频文件在偏移为零和检测分段为 512 条件下计算所得 VDSC；虚折线对应不同音频文件在偏移为 256 和检测分段为 1 024 条件下计算所得 VDSC；点实折线对应不同音频文件在偏移为 512 和检测分段为 2 048 条件下计算所得 VDSC；与横轴平行的实折线为阈值 Thr_a 为 1.3×10^{-3}。

从图 11-7 可以看出，对于大部分自然音频文件，使用不同参数计算所得 VDSC 基本一致，所以 3 条折线基本重合。而且大部分音频文件的 VDSC 值都低于阈值 Thr_a。但是在此图中也有两个音频文件，不同参数下计算所得 VDSC 的最大变化值虽然为 10×10^{-4} 数量级，但由于其变化值比 VDSC 比值高，使算法产生了误判。

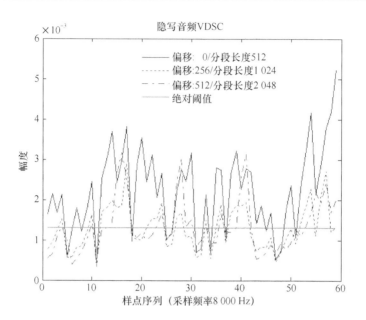

图 11-8　隐写语音不同检测参数下 VDSC

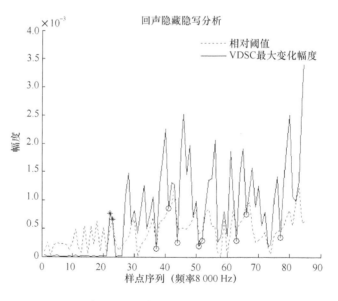

图 11-9　回声隐藏分析判决结果

　　算法首先计算 1 024 分段长度时,不同起始偏移条件下 VDSC,若据此不足以判决,则继续计算不同分段下 VDSC,图示了判决所用 VDSC,可能是在特定偏移或特定分段长度下计算所得。

　　从图 11-8 可以看出,大部分隐写音频文件在不同条件下计算所得 VDSC 有较大变化。正因为有此特点，在不知实际隐写参数时，算法才可以进行检测。有较多 VDSC 值小于阈值 Thr_a，若采用"小于阈值 Thr_a 即为自然音频"作为判决条件将造成大量漏检，因此尽管绝大多数自然音频 VDSC 小于阈值 Thr_a，但最终判决还需要结合其他特征。最后，VDSC 的绝对变化幅度各异，必须采用相对判决阈值。

图 11-9 显示算法判决情况。为方便观察将音频排序，前 26 个为自然音频文件，后 59 个为隐写音频文件。其中横轴为音频文件序号，纵轴为 VDSC，实折线为各类计算条件下所得 VDSC 的最大变化幅度，虚折线为由各音频 VDSC 计算所得的相对判决阈值，小于阈值被判决为自然音频。星形点标示发生误判的 2 个文件，虚心圆点表示发生漏检的 8 个文件。可以看出，大部分自然音频 VDSC 基本没变化，在相对判决阈值以下，隐写音频正相反。实验表明，在 85 个待检测音频中，算法能准确地判别其中 75 个是否经过隐写，准确率为 88.2%；误判的文件为 2 个，虚警率为 2.4%，漏判的文件为 8 个，漏检率为 9.4%。

11.4　本章结语

本章根据回声隐藏的原理提出一种基于回声隐藏的专用隐写分析算法，该算法构造倒谱和的差分方差统计量，通过该统计量来反映隐写对自然音频的影响，选择倒谱和二阶导数方差作为统计指标。分析过程中在不同的偏置条件下计算待检测音频的 VDSC 值，如果 VDSC 的值没有显著变化，而且在相对判决域以下，则该待检测音频是原始音频。如果计算出来的 VDSC 值有显著变化，而且在相对判决域以上，则该待检测音频是隐写音频。

该算法的关键优势是在于不论隐写音频的实际分段大小如何，算法都能较为准判断待检测音频文件是否为隐写音频。实验结果表明，该算法的准确率为 88.2%，虚警率为 2.4%，漏检率为 9.4%。

但是该算法在对待检测音频进行分析检测时，要求隐写音频的隐写率为 100%，也就是每个分段都必须隐藏一位水印信息，当隐写率不足 100% 时，该算法的判别正确率会下降。而且在检测时，所有隐写音频都嵌入相同的秘密信息，而且嵌入的秘密信息中 0,1 bit 所占比率必须相同。但在实际的情况下，不同的音频隐藏的秘密信息不同，而且 0,1 bit 所占的比率也不完全相同。

同时本算法在分析检测的时候只采用了一种统计特征，后续研究工作可考虑使用多个特征作为统计指标以提高算法的性能。同时后续研究还可集中于定位回声延迟位置以及利用二次隐写方法，提高回声隐藏分析算法性能。

参考文献

[1] Hamza Ö，Ismail A，Bülent S，Nasir M. Steganalysis of Audio Based on Audio Quality Metrics. Presented at Security and Watermarking of Multimedia Contents V，Santa Clara，CA，US，2003.

[2] Bender W，Gruhl D，Morimoto N. Techniques for Data Hiding. IBM Systems J，1996，35(3&4).

[3] 杨榆，白剑，徐迎晖，等. 回声隐藏的研究与实现. 中山大学学报：自然科学版，2004，43(A)：50-52.

[4] Lu Chunshien. Audio Fingerprinting Based on Analyzing Time-Frequency Localization of Signals. IEEE Workshop on Multimedia Signal Processing，2000，Dec. ：174.

[5] Zhao Hong，Shen Dongsheng. A New Semi-Fragile Watermarking for Audio Authentication. The International Conference on Artificial Intelligence and Computational Intelligence，2009：299-302.